U0158417

3D 打印与创新设计

主 编 易 杰 唐 锋

副主编 熊 莎 江果燕 黄 俊

参 编 易辉成 曾 鹏 毕 丹

夏 凯 李明飞 李丽辉

机 械 工 业 出 版 社

本书为"智慧职教"国家精品在线课程"3D打印与创客"配套教材，适合作为高等职业院校增材制造技术专业拓展课程教材。

本书共有五个项目，包括走进3D打印、手电筒的创新与3D打印、便携风扇的创新与3D打印、雨伞清理筒的创新与3D打印以及攀岩头盔的创新与3D打印，后四个项目均包含工业设计、电子元器件选型、电气控制、结构设计与3D打印这些方面的知识，难度由浅入深，适合学生循序渐进地学习。四个案例分别采用四种不同的成型工艺，3D打印设备既有桌面级打印机也有工业级打印机，可以满足不同水平、不同需求的学生学习。

本书在编写过程中选用了大量来自行业、企业的图片，内容新颖，逻辑清晰并具有吸引力，可激发学生的求知欲，特别适合学生进行创新设计时学习和参考；同时运用了"互联网+"形式，在重要知识点处嵌入二维码，方便学生理解相关知识，进行更深入的学习。"3D打印与创客"已上线"智慧职教"国家精品在线课程，本书为其配套教材，读者可登录 https://mooc.icve.com.cn/course.html?cid=3DDHN820253 进行学习。

本书为新形态一体化教材，配套有图片、案例、随堂测试、微课视频、课件等丰富的教学资源，凡选用本书作为授课教材的教师可登录 www.cmpedu.com 注册后免费下载。教材内容与在线开放课程教学同步，精心打造"一课一书一空间"，实现"互联网+教育"。

本书既可作为职业院校增材制造技术、机械、汽车、工业设计等相关专业教材，又可作为增材制造岗位培训教材，也可供从事计算机辅助设计与制造、模具设计与制造等专业工作的工程技术人员参考。

图书在版编目（CIP）数据

3D打印与创新设计 / 易杰，唐锋主编. —北京：机械工业出版社，2022.7
（2024.8重印）
职业教育增材制造技术专业系列教材
ISBN 978-7-111-70936-7

Ⅰ.①3… Ⅱ.①易…②唐… Ⅲ.①快速成型技术—高等职业教育—教材 Ⅳ.①TB4

中国版本图书馆CIP数据核字（2022）第102773号

机械工业出版社（北京市百万庄大街22号　邮政编码100037）
策划编辑：黎 艳　　　责任编辑：黎 艳
责任校对：郑 婕 张 薇　封面设计：张 静
责任印制：常天培
北京铭成印刷有限公司印刷
2024年8月第1版第3次印刷
210mm×285mm・11.75印张・217千字
标准书号：ISBN 978-7-111-70936-7
定价：45.00元

电话服务　　　　　　　网络服务
客服电话：010-88361066　机 工 官 网　www.cmpbook.com
　　　　　010-88379833　机 工 官 博　weibo.com/cmp1952
　　　　　010-68326294　金 书 网　www.golden-book.com
封底无防伪标均为盗版　机工教育服务网：www.cmpedu.com

前　言

　　本书是根据《高等职业院校增材制造技术专业教学标准》，同时参考最新增材制造（3D打印）设备操作员主要工作任务内容编写的。

　　增材制造（AM）技术也称为3D打印技术，是20世纪80年代中期出现的高新技术，目前发展十分迅速，应用也非常广泛，从航空航天到汽车、从文物保护到生物医疗、从建筑到模具，增材制造均有所涉及。近年来，随着增材制造技术的应用越来越广泛，各种先进的增材制造（3D打印）设备被众多企业引进，企业对于掌握增材制造技术人才的需求越发迫切。

　　创客教育就是将创客理念融入教学过程中，集创新教育、体验教育、项目学习等思想为一体，契合了学生富有好奇心和创造力的天性，以课程为载体，在创客空间的平台下，融合数学、物理、化学、艺术等多学科知识，培养学生的想象力、创造力以及解决问题的能力。3D打印技术可以让枯燥的课程变得生动起来，帮助学生根据自己的想法创建模型并进行打印，可以有效地调动学生的视觉和触觉，使其更好地理解所学课程，从而培养学生的创意设计能力、空间理解能力、空间造型能力、项目协调能力，提高学生的形象思维以及动手能力，促进学生潜能的充分开发与个性的全面发展。通过本书的学习，学生可以对3D打印与创客过程有一个全新的、更全面的认识。

　　本书根据职业院校学生的认知特点，以全新的理念进行编写，力求在传统教材的基础上有较大的突破，重点培养学生在产品设计生产各环节中的操作及应变能力。

　　本书具有以下特点。

　　1. 紧密对接《高等职业院校增材制造技术专业教学标准》，同时参考最新增材制造（3D打印）设备操作员职业工作任务内容，做到了既依据最新教学标准和课程大纲要求，又对接职业标准和岗位需求。

　　2. 采用项目任务化的编写模式，贯彻"做中教，做中学"的职教理念，引导学生改变学习方式。本书案例均取自全国三维数字化创新设计大赛，实现了"以赛促教、以赛促学、以赛促做"的理念。通过对产品设计生产全流程的参与，为学生将来融入社会从事产品设计制造相关岗位奠定基础。同时运用了"互联网+"技术，在部分知识点处设置了二维码，学生用智能手机进行扫描，便可在手机屏幕上显示与教学资源相关的多媒体内容，方便学生理解相关知识，进行更深入的学习。

3. 充分反映行业企业的新技术、新设备、新工艺，通过真实案例的融入，增进学生对于知识的掌握和专业的认同。通过四个项目案例，加深学生对采用 3D 打印技术进行创新活动的了解，更有利于进行职业生涯规划。

4. 根据职业院校学生的认知特点，采用大量的图片辅以说明各知识点，以增加学生的体验和理解。为了便于教学，本书还配套微课视频、随堂测试、课件等丰富的教学资源。"3D 打印与创客"已上线"智慧职教"国家精品在线课程，读者可登录 https://mooc.icve.com.cn/course.html?cid=3DDHN820253 进行学习。

本书建议教学用时为 64 学时，学时分配建议见下表，任课教师可根据学校的具体情况做适当的调整。

项目	内容	建议学时
项目一	走进 3D 打印	4
项目二	手电筒的创新与 3D 打印	14
项目三	便携风扇的创新与 3D 打印	14
项目四	雨伞清理筒的创新与 3D 打印的	16
项目五	攀岩头盔的创新与 3D 打印	16
总课时		64

在编写过程中，编者参阅了国内外出版的有关教材和资料，在此一并表示衷心感谢！

由于编者水平有限，书中不妥之处在所难免，恳请读者批评指正。

编　者

二维码索引

序号	名称	二维码	页码	序号	名称	二维码	页码
1	看微课：3D 打印技术的基本原理及起源		2	11	看微课：SLM 成型特点		16
2	看微课：3D 打印技术发展与未来		3	12	看微课：SLM 成型材料		17
3	看微课：FDM 成型原理		6	13	看微课：关于柴火创客空间的思考		19
4	看微课：FDM 成型特点		8	14	看微课："互联网＋与3D 打印"项目		20
5	看微课：FDM 成型材料		8	15	看微课：手电筒产品因素调研		24
6	看微课：SLA 成型原理		10	16	看微课：手电筒消费者调查		28
7	看微课：SLS 成型原理		12	17	看微课：手电筒产品的机会分析和设计定位		30
8	看微课：SLS 成型特点		13	18	看微课：手电筒产品的手绘创意表达		32
9	看微课：SLS 成型材料		14	19	看微课：手电筒产品的建模与渲染		35
10	看微课：SLM 成型原理		15	20	看微课：手电筒的电了元器件选型		40

（续）

序号	名称	二维码	页码	序号	名称	二维码	页码
21	看微课：手电筒的外形重构		42	32	看微课：便携风扇外形重构		79
22	看微课：手电筒的结构拆分与布局		45	33	看微课：便携风扇结构拆分与布局		80
23	看微课：手电筒零部件连接与固定		47	34	看微课：便携风扇零部件连接与固定		82
24	看微课：手电筒的 3D 打印前处理		49	35	看微课：便携风扇 3D 打印前处理		85
25	看微课：手电筒的 3D 打印成型		54	36	看微课：便携风扇 3D 打印成型		90
26	看微课：手电筒的 3D 打印后处理		58	37	看微课：便携风扇 3D 打印后处理		93
27	看微课：便携风扇产品因素调研		63	38	看微课：雨伞清理筒情境体验调研		98
28	看微课：便携风扇产品的消费者调查		66	39	看微课：雨伞清理筒消费者调查		100
29	看微课：便携风扇产品机会分析		68	40	看微课：雨伞清理筒产品的机会分析和设计定位		103
30	看微课：便携风扇的手绘创意表达		69	41	看微课：雨伞清理筒的手绘创意表达		105
31	看微课：便携风扇的建模与渲染		72	42	看微课：雨伞清理筒的建模与渲染		109

（续）

序号	名称	二维码	页码	序号	名称	二维码	页码
43	看微课：雨伞清理筒外形重构		114	53	看微课：攀岩头盔结构拆分		154
44	看微课：雨伞清理筒产品结构拆分		115	54	看微课：攀岩头盔结构分析		156
45	看微课：雨伞清理筒零部件连接与固定		117	55	看微课：攀岩头盔 3D 打印前处理		160
46	看微课：攀岩头盔产品因素调研		132	56	看微课：使用预处理软件 BuildStar 排包		162
47	看微课：攀岩头盔消费者调查		135	57	看微课：使用预处理软件 BuildStar 切片预览		164
48	看微课：攀岩头盔的产品机会分析		139	58	看微课：使用预处理软件 BuildStar 转包		165
49	看微课：攀岩头盔手绘创意表达		141	59	看微课：攀岩头盔 3D 打印成型		166
50	看微课：攀岩头盔的建模与渲染		144	60	看微课：开机流程与打印状态观察		166
51	看微课：攀岩头盔语音控制功能设计		149	61	看微课：攀岩头盔 3D 打印后处理		170
52	看微课：攀岩头盔外形重构		151	62	看微课：取包、清粉、喷砂处理		171

目　录

CONTENTS

前言

二维码索引

项目一　走进 3D 打印 ··· 1

　　任务一　3D 打印技术的起源与发展 ······························ 2

　　任务二　3D 打印成型工艺与设备 ································· 6

　　任务三　3D 打印创客 ·· 19

项目二　手电筒的创新与 3D 打印 ······························· 23

　　任务一　手电筒的工业设计 ····································· 24

　　任务二　手电筒的元器件选型 ··································· 40

　　任务三　手电筒的结构设计 ····································· 42

　　任务四　手电筒的 3D 打印前处理 ······························· 49

　　任务五　手电筒的 3D 打印成型 ································· 54

　　任务六　手电筒的 3D 打印后处理 ······························· 58

项目三　便携风扇的创新与 3D 打印 ···························· 62

　　任务一　便携风扇的工业设计 ··································· 63

　　任务二　便携风扇的元器件选型 ································· 78

　　任务三　便携风扇的结构设计 ··································· 79

　　任务四　便携风扇的 3D 打印前处理 ····························· 85

　　任务五　便携风扇的 3D 打印成型 ······························· 90

　　任务六　便携风扇的 3D 打印后处理 ····························· 93

项目四　雨伞清理筒的创新与 3D 打印 ························· 97

　　任务一　雨伞清理筒的工业设计 ································· 98

　　任务二　雨伞清理筒的结构设计 ································ 114

　　任务三　雨伞清理筒的 3D 打印前处理 ·························· 120

　　任务四　雨伞清理筒的 3D 打印成型 ···························· 124

　　任务五　雨伞清理筒的 3D 打印后处理 ·························· 127

项目五　攀岩头盔的创新与 3D 打印 ··························· 131

　　任务一　攀岩头盔的工业设计 ·································· 132

　　任务二　攀岩头盔的元器件选型 ································ 149

任务三　攀岩头盔的结构设计 ································· 151

任务四　攀岩头盔的 3D 打印前处理 ····················· 160

任务五　攀岩头盔的 3D 打印成型 ························· 166

任务六　攀岩头盔的 3D 打印后处理 ····················· 170

参考文献 ·· 176

项目一　走进 3D 打印

 教学目标

知识目标

1. 了解 3D 打印技术的起源及发展。

2. 掌握 3D 打印的基本原理。

3. 了解国内 3D 打印行业发展现状。

4. 掌握 3D 打印各工艺原理。

5. 了解 3D 打印常用设备。

6. 了解国内创客空间的代表"柴火创客空间"。

7. 了解创客空间的运营模式和主要职能。

8. 了解"互联网 +"3D 打印行业现状。

9. 了解"互联网 +"创新创业大赛的名称及内容。

能力目标

1. 能够简述 3D 打印的原理。

2. 能够根据需要打印的零部件选择合适的工艺及设备。

3. 能够撰写创客项目的申报书。

4. 能够撰写不同类型创新创业比赛的项目计划书。

职业素质目标

1. 能够借助网络资源，查找相应的创新创业大赛资源。

2. 能够和团队成员协商，完成项目计划书的撰写。

3. 能够在各种 3D 工艺中选择合适的工艺进行 3D 打印。

职业素养目标

1. 具有主动学习的意识。

2. 具有设备操作安全意识。

3. 在创新创业大赛中具有正确的价值观。

任务一　3D 打印技术的起源与发展

学习目标及技能要求

学习目标：了解 3D 打印技术的发展历程，了解 3D 打印技术快速发展的原因及其在发展过程中遇到的阻碍，掌握 3D 打印技术的原理。

学习重点：3D 打印技术的原理。

学习难点：3D 打印技术的原理。

一、3D 打印技术的原理及起源

1. 3D 打印的定义与原理

3D 打印的概念早在几十年前就已经提出了，其核心思想源于 19 世纪照相雕塑技术与地貌成型技术，如图 1-1 和图 1-2 所示。

图 1-1　19 世纪照相雕塑技术

图 1-2　地貌成型技术

3D 打印是一种快速成型技术，它是一种以数字模型文件为基础，运用粉末状金属或塑料等可粘合材料，通过逐层打印的方式来构造物体的技术。这就是 3D 打印技术的定义。其流程是先通过计算机软件建模，然后进行数据文件切片处理，再打印模型，如图 1-3 所示。

3D 打印技术与普通制造技术的区别主要有两点：一是不用考虑生产工艺问题，任何复杂的零件都可以通过 3D 打印技术来制造；二是制造时间比较短，制造一个模型可能只需要几个小时。

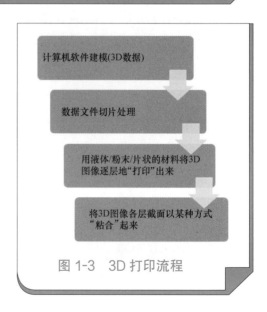

图 1-3　3D 打印流程

3D 打印技术发展与未来

2. 3D 打印技术的发展

（1）3D 打印技术的发展历程　3D 打印技术的发展经历了三个过程：19 世纪末为 3D 打印概念的产生期；20 世纪 80 年代到 21 世纪初为 3D 打印技术的成长发展期；21 世纪为 3D 打印技术的广泛应用期。可以简单地理解为 19 世纪的思想、20 世纪的技术以及 21 世纪的市场。

这里以编年体的形式简要回顾一下 3D 打印技术的发展历程：1984 年，研发出 3D 打印数据模型技术；1988 年，第一台面向公众的 3D 打印机面世，并发明了熔融沉积成型（FDM）技术；1992 年售出首台选择性激光烧结（SLS）与 FDM 设备；1996—2008 年，各 3D 打印公司研发了多种 3D 打印设备。1990 年华中科技大学王运赣教授开始研究基于纸材料的快速成型设备；1995 年西安交通大学卢秉恒教授研发出在汽车制造业中应用的 3D 打印样机；2014 年北京大学研究团队将 3D 打印技术应用于医疗领域。

（2）3D 打印技术快速发展的原因　3D 打印技术快速发展的原因主要有两个：一个是价格下降，随着劳动生产率的提高，配套的打印材料和零部件的价格也在下降，让越来越多的人能够接受和使用；另一个是技术进步，3D 打印机在打印精度、打印速度、打印尺寸和软件支持等方面不断提升。

（3）3D 打印技术在发展中遇到的阻碍　3D 打印技术在发展中也遇到了一些阻碍，比较突出的问题如下：第一是材料的限制，不是所有的材料都适合打印，3D 打印技术的核心在于打印材料，所以研发新材料迫在眉睫；第二是成本的限制，不仅设备价格昂贵，材料也价格不菲，新技术的广泛应用挑战巨大；第三是知识产权的问题，因为 3D 打印技术使得复制产品变得容易，即使它们受专利、商标或版权保护；第四是机器的限制，例如要打印一个大型物体，那么，打印这个物体的打印机要比物体大，这就给打印机的尺寸、场地等增加了要求。性能或效率不符合要求，无法满足工业生产需要。

进入 21 世纪，3D 打印技术逐渐走向成熟，初步形成了产业布局并显示出巨大的潜力，随着 Makerbot 系列打印机开源项目的出现，使得越来越多的 3D 打印爱好者带着新技术、新创意、新应用积极参与到 3D 打印技术的研发与推广中，也为"万众创业、大众创新"提供了新的动力。

二、3D 打印行业发展现状

1. 全球 3D 打印行业发展现状

近几年全球 3D 打印市场持续增长，整个 3D 打印市场（包括设备和服务）的增长率约为 21.2%，产值达到了 118.6 亿美元（2019 年数据），首次超过了 100 亿美元，如图 1-4 所示。如果对 2019 年增材制造（3D 打印）行业的总收入进行细分，来自 3D 打印设备销售的收入约为 50.43 亿美元，而来自 3D 打印服务的收入约为 68.23 亿美元。可见，3D 打印服务的收入比 3D 打印设备的销售收入还要多，如图 1-5 所示。

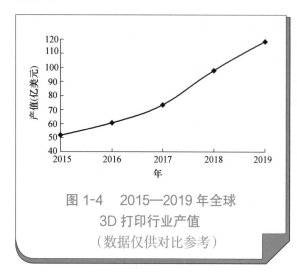

图 1-4　2015—2019 年全球
3D 打印行业产值
（数据仅供对比参考）

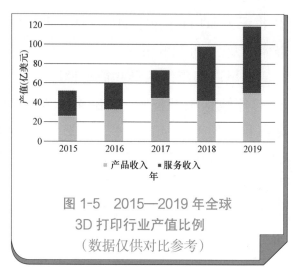

图 1-5　2015—2019 年全球
3D 打印行业产值比例
（数据仅供对比参考）

2019 年，美国的 3D 打印设备保有量依然遥遥领先，大约为中国的 3 倍。中国 3D 打印设备的保有量占全球总保有量的 10.8%，排名第三。美国、中国、日本和德国等国的设备保有量遥遥领先于其他国家，如图 1-6 所示。

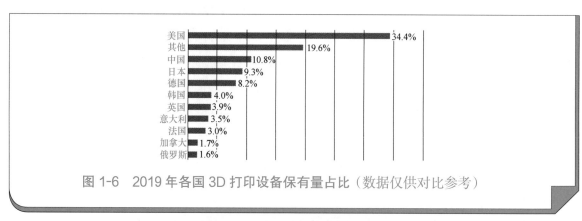

图 1-6　2019 年各国 3D 打印设备保有量占比（数据仅供对比参考）

汽车工业目前仍然是应用 3D 打印技术最多的行业，占比为 16.4%。消费品 / 电子领域和航空航天领域则紧随其后，分别为 15.4% 和 14.7%，如图 1-7 所示。

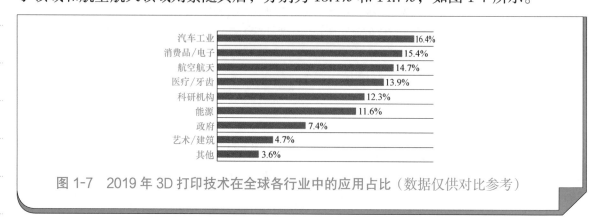

图 1-7　2019 年 3D 打印技术在全球各行业中的应用占比（数据仅供对比参考）

2. 我国 3D 打印行业发展现状

我国增材制造（3D 打印）技术及其产业发展速度快、规模稳步扩大，根据中国增材制造产业联盟的统计，在２０１４—２０１８年五年间，我国 3D 打印产业规模年均增速超过 30%，高于世界平均水平，目前位居全球第二，如图 1-8 所示。

随着 3D 打印技术体系和产业链不断完善，支撑体系逐渐健全，已初步形成了以环渤海地区、长三角地区、珠三角地区为核心，以中西部地区为纽带的产业空间发展格局，逐步建立起较完善的增材制造产业生态体系。

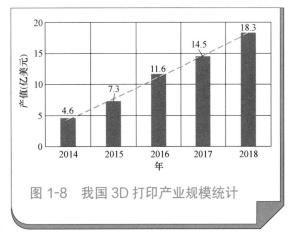

图 1-8　我国 3D 打印产业规模统计

我国本土企业实现快速成长，涌现出先临三维、铂力特、联泰科技、华曙高科等一批龙头企业，产业发展速度加快，如图 1-9 所示。

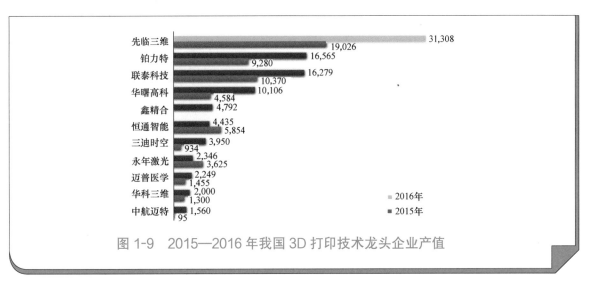

图 1-9　2015—2016 年我国 3D 打印技术龙头企业产值

3D 打印技术的应用已从简单的原型制作向功能部件直接制造方向发展，各领域的应用持续扩展，尤其是在航空航天、医疗、模具等领域的应用更加深入。

我国从 2016 年开始，先后成立了全国增材制造标准化技术委员会、中国增材制造产业联盟、国家增材制造产品质量监督检验中心、全国增材制造标准化技术委员会等机构，国家层面的技术服务支撑体系逐渐完善。

3. 增材制造（3D 打印）技术的发展趋势

（1）增材制造产业将持续高速增长　按照产业生命周期理论，预计未来 10 年，全球增材制造产业仍将处于高速增长期。有关数据显示：2022 年全球 3D 打印收入将攀升至 239 亿美元，到 2024 年将达到 356 亿美元（数据仅供参考）。

（2）工业级增材制造成为主流方向　金属 3D 打印设备市场前景无限，销售额逐年上涨；在汽车、消费品、电子、航空航天以及医疗器械等领域对金属 3D 打印的需求旺盛，应用端呈现快速扩展态势。

（3）融合发展助推规模化应用　增材制造并非是对以"减材制造""等材制造"为基础的传统制造技术的取代与挑战，而是要推动该技术融入现有生产体系，实现规模化应用。

（4）应用深度和广度持续扩展　增材制造技术的应用已从简单的概念模型、功能型原型制作向功能部件直接制造方向发展。例如，在生物医疗领域，增材制造将从"非活体"打印逐步进阶到"活体"打印。

 任务小结

> 1. 收集 3D 打印技术起源与发展的相关资料，了解 3D 打印行业发展历史。
> 2. 收集国内外 3D 打印的相关资料，了解国内外 3D 打印技术发展现状。

任务二　3D 打印成型工艺与设备

 学习目标及技能要求

学习目标：掌握常用 3D 打印成型工艺，了解其成型材料及设备。

学习重点：四种 3D 打印成型工艺的原理、特点与设备。

学习难点：不同 3D 打印成型工艺的原理。

一、熔融沉积成型工艺

1. FDM 成型原理

FDM 成型原理

3D 打印成型工艺有多种，其中应用最广泛的是熔融沉积成型（Fused Deposition Modeling，FDM）。熔融沉积成型又称熔丝沉积成型，是由美国 Scott Crump 博士于 1988 年研制成功的。该工艺是将热塑性材料加热熔化后，从喷嘴均匀挤出成细丝状，同时喷嘴由数控系统控制，按照切片软件规划好的连续薄层数据按一定路径移动进行填充，丝状材料冷却后黏结形成一层层薄截面，最终层层叠加形成三维实体。

FDM 的成型材料主要是线材，也有直接采用塑料粉末加热经喷嘴挤出成型的丝状材料，要求材料熔融温度低、黏度低、黏性好和收缩率小等，主要有铸造石蜡、尼龙、ABS 塑料、PLA 塑料、低熔点金属和陶瓷等。

FDM 技术已被广泛应用于家电、通信、电子、汽车、医学、建筑、玩具等领域的产品开发与设计过程，如产品外观评估、方案选择、装配检查、功能测试、用户看样订货、塑料件开模前校验设计、小批量产品制造等。

作为当前全世界应用最广泛的 3D 打印技术之一，目前桌面式 3D 打印机多采用 FDM 技术，如图 1-10 所示。

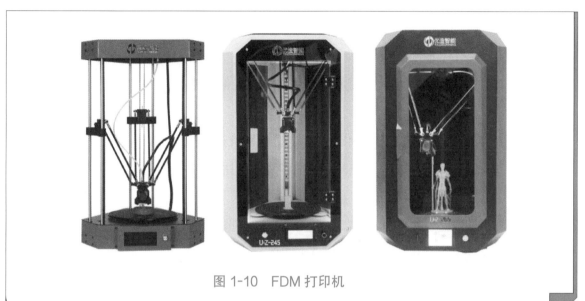

图 1-10　FDM 打印机

那么，FDM 的成型原理是什么？图 1-11 所示为 FDM 成型原理示意图。在计算机或 SD 卡中 G 代码（数控程序中的指令，称为 G 指令）的控制下，打印机喷头 1 在 XY 平面内做水平移动；喷头中的进丝机构可以控制喷头喷出打印材料的速度，热塑性丝状材料由供丝机构送至热熔喷头，在喷头中加热和熔化成半液态；然后半液态材料从喷嘴被挤压出来，有选择性地涂覆在工作台上，快速冷却后形成一层大约 0.127mm 厚的薄片轮廓。打印完成一层之后，打

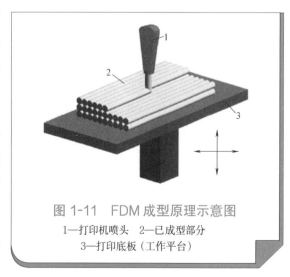

图 1-11　FDM 成型原理示意图
1—打印机喷头　2—已成型部分
3—打印底板（工作平台）

印底板 3 下降一个层厚的距离，喷头继续打印一层，好像一层层地"画出"截面轮廓，如此循环直至打印完所设计的三维模型。待温度下降后取下工件即可。

FDM 成型特点

2. FDM 成型特点

FDM 工艺利用电能加热塑料丝，使其在被挤出喷头前达到熔融状态，喷头在计算机的控制下将熔融的塑料丝喷涂到工作平台上，从而完成整个零件的加工过程。这种方法的能量传输和材料叠加均不同于以激光为能源的光固化成型工艺以及微滴喷射成型工艺。

（1）FDM 技术的优点

1）成本低。FDM 技术采用液化器代替了激光器，设备费用低，日常维护成本也较低；原材料的利用效率高且对环境友好，没有毒气或化学物质污染，也不会产生颗粒状粉尘，使得成本大大降低。

2）采用水溶性支撑材料，使得去除支撑结构简单易行，可快速构建复杂的内腔、中空零件以及一次成型的装配结构件。

3）原材料以材料卷的形式提供，易于搬运和快速更换。

4）可选用多种成型材料，热塑性材料均可应用，如各种色彩的工程塑料 ABS、PC、PPS 及医用 ABS 等。

5）原材料在成型过程中无化学变化，制件的翘曲变形小。

6）用蜡成型的制件，可以直接用于熔模铸造。

7）设备体积小，易于搬运，适合多种办公环境。

8）原材料利用率高，且废旧材料可进行回收再加工，并实现循环使用。

（2）FDM 技术的缺点

1）制件的表面有较明显的条纹，成型精度相对较低，最高精度为 0.127mm。

2）沿着与成型轴垂直方向的强度比较大。

3）需要设计和制作支撑结构，支撑结构存在手动剥除困难的难题，同时会影响制件表面质量。

4）由于喷头的运动是机械运动，而且需要对整个截面进行扫描涂覆，成型时间较长，成型速度相对立体光固化成型（SLA）慢 7% 左右。

5）原材料价格较高。

3. FDM 成型材料

FDM 成型材料

适用于 FDM 成型的丝材种类很多，大量热塑性材料均可作为其打印材料使用，包括 ABS、PLA、PVA 等。

ABS（Acrylonitrile Butadiene Styrene）是目前产量最大、应用最广泛的聚合物之一，它有着优良的力学、热学、电学和化学性能。"ABS" 三个字母分别代表丙烯腈、丁二烯和苯乙烯。它是一种综合性能良好的树脂，在比较宽广的温度范围内具有较高的冲击强度和表面硬度，热变形温度比 PA、PVC 高，尺寸稳定性好。ABS 具有优良的力学性能，可在极低的温度下使用，因其抗冲击性能优良，其制品的破坏一般属于拉伸破坏，但 ABS 的抗弯强度和抗压强度是塑料中较差的。ABS 的电绝缘性较好，不受环境温度、湿度等的影响，可在大多数环境下使用。ABS 的化学性能表现为不受水、无机盐、碱醇类和烃类溶剂及多种酸的影响，但可溶于酮类、醛类及氯代烃。ABS 线材如图 1-12 所示。

图 1-12　ABS 线材

PLA（Poly Lactice Acid）即聚乳酸，是一种由玉米淀粉提炼所得的高分子材料，它是一种生物降解材料，对人体无害。由于其相容性和可降解性好，它在医药领域应用广泛。同时，它的力学性能及物理性能也较好，是目前应用最广泛的 FDM 成型材料之一。PLA 的打印温度应设置在 200℃以下，过高的温度会导致其碳化，堵塞喷嘴，造成打印失败。加热 PLA 时，它会直接从固体变为液体，因为有相变过程，会较多地吸收喷嘴的热能，致使喷嘴堵塞的可能性更大。PLA 具有较低的收缩率，即使打印较大的模型，也不容易开裂，打印成功率更高。

4. FDM 成型设备

奥地利 HAGE 公司的 1750L FDM 成型机是可定制化、超大尺寸 3D 打印机，成型体积为 1.75m³，并可以根据客户需求定制开发打印尺寸和形式，成为国内客户超大尺寸开源 3D 打印解决方案的最佳选择。HAGE 1750L 开源 3D 打印机的设备参数见表 1-1。

表 1-1　HAGE 1750L 开源 3D 打印机的设备参数

参数	数值
成型尺寸 /mm	5 轴：500 × 500 × 450 3 轴：1200 × 1200 × 1200
机器尺寸 /mm	2350 × 2150 × 2000
机器质量 /kg	2450
层厚度 /μm	≥ 50
喷头、喷嘴	Single Extruder，HFFSM（High Friction Feeding System）
打印材料	非金属：ASA、PLA、TPC 金属：钛合金、不锈钢
打印技术	ME（Material Extrusion）/FFF（Fused Filament Fabrication）

二、光固化成型工艺

1. SLA 成型原理

SLA 成型原理

光固化成型（Stereo Lithography Appearance，SLA）技术利用光的波长和热作用使液态树脂材料发生聚合反应，对液态树脂进行有选择的固化，叠层成型。成型时，光束在聚合物的液态表面逐层描绘物体，被照射到的表面形成固态并逐层相互固化，从而达到造型的目的。SLA 也被称为立体印刷、立体光刻和光造型等，是目前研究较深入、技术较成熟、应该较广泛的一种 3D 打印成型技术。目前，SLA 中的光源已经不再是单一的激光器，还有其他新的光源，如紫外光。但是，各种 SLA 成型材料依然是对某种光束敏感的树脂。

那么，SLA 的成型原理是什么？如图 1-13 所示，SLA 是以光敏树脂为原料，在计算机的控制

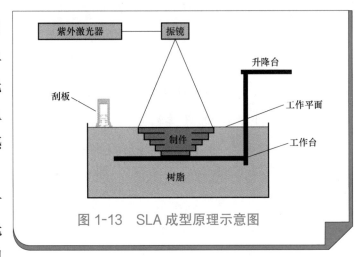

图 1-13 SLA 成型原理示意图

下，紫外激光按零件各分层截面数据对液态光敏树脂表面进行逐点扫描，使被扫描区域的树脂薄层发生光聚合反应而固化，形成零件的一个薄层；一层固化完毕，工作台下降，在原先固化好的树脂表面再涂覆上一层新的液态光敏树脂，以便进行下一层的扫描固化；新固化的一层牢固地黏结在前一层上；如此重复，直到整个零件原型制作完毕。

2. SLA 成型特点

经过多年的发展，SLA 技术已经日益成熟、可靠，具有以下显著特点。

（1）SLA 技术的优点

1）系统工作稳定，整个成型过程自动运行。

2）成型精度高，一般均在 0.1mm 以内，这是其他成型技术无法达到的。

3）成型尺寸大，可以制作 600mm×600mm 以内的大尺寸零件。

4）表面质量好，所成型的零件表面光滑，减少了后处理的工作量，在很多场合甚至无须后处理即可直接投入使用。

5）系统分辨率高，能制造复杂结构的零件和复杂表面的薄壁件，壁厚最小可达 0.5mm，这也是其他成型技术无法达到的。

6）制作速度快，可以达到 8m/s。

7）材料消耗后，可采用添加的方法进行补充，因此，材料利用率高，接近100%。

8）树脂种类繁多，具有白色、半透明、全透明、高韧性等特点，可满足各种性能需求。

（2）SLA 技术的缺点

1）系统造价昂贵，且维护费用很高。

2）使用环境要求高，具有毒性和气味，须在密闭环境中进行。

3）软件操作复杂，需要操作人员具有一定的专业度水平。

3. SLA 成型材料

SLA 成型材料为液态光敏树脂（图 1-14）。制件的性能相当于工程塑料或蜡模。光敏树脂由齐聚物、单体、紫外光引发剂和其他助剂组成，其中齐聚物占 30%～60%，单体占 40%～80%，紫外光引发剂占 1%～5%，其他助剂占 0.2%～10%。根据上述四个主要组分的不同配比，液态光敏树脂的原料成分可以包括：①丙烯酸酯类齐聚物；②环氧类齐聚物和单体；③其他阳离子类单体；④活性稀释剂；⑤阳离子光引发剂；⑥自由基光引发剂；⑦其他助剂。

图 1-14 SLA 成型材料

光敏树脂固化前的理化性能要求如下：

1）安全性：必须是无毒、不易燃、挥发性小的液态树脂。

2）稳定性：不发生暗反应，在不接触紫外光的情况下，不会发生聚合反应而产生絮状物。

3）纯度：树脂中悬浮颗粒直径一般控制在 1μm 以下，避免堵塞喷头。

4）表面张力：一般要求表面张力为 26～36mN/m。

5）黏度：黏度较低。室温储存时，黏度为 30～300mPa·s；工作温度下控制在 8～20mPa·s，最好为 8～15mPa·s。

6）pH：控制在 7～8，pH 太低会腐蚀喷头。

4. SLA 成型设备

（1）西通 SLA 3D 打印机（图 1-15）

成型技术：SLA；

成型材料：液态光敏树脂；

打印尺寸：125mm × 125mm × 165mm；

最小厚度：25μm（最小）；

文件格式：STL；

整机尺寸：300mm × 280mm × 450mm。

产品质量：8kg；

产品特点：制件质量高、精度高、制件尺寸较大。

图 1-15　西通 SLA 3D 打印机

（2）ATSmake 3D 打印机（图 1-16）

成型技术：SLA；

成型材料：光敏树脂；

打印尺寸：125mm × 125mm × 180mm；

最小厚度：25μm。

整机尺寸：380mm × 380mm × 550mm；

操作系统：Windows XP 及以上兼容系统；

操控软件：ATSmake 控制软件；

文件格式：STL；

连接方式：USB；

产品质量：15kg；

产品特点：制件精度高、质量好。

图 1-16　ATSmake 3D 打印机

三、选择性激光烧结成型工艺

1. SLS 成型原理

选择性激光烧结（Selective Laser Sintering，SLS）的概念是在 1986 年由美国田纳西大学的研究生 Deckard 提出的，他于 1989 年获得了第一个 SLS 技术专利，随后成立了 DTM 公司。1992 年，美国 DTM 公司（现已并入美国 3D System 公司）推出了 Sinterstation 2000 系列选择性激光烧结设备。

SLS 技术具有成型材料多样化（高分子、陶瓷、金属、覆膜砂及其复合粉末等均可作为成型材料）、用途广泛、成型过程简单、材料利用率高等优点，特别是不受零部件形状复杂程度的限制，可以在没有工装夹具或模具的条件下，迅速制造出形状复杂的功能件或铸造用蜡模和砂型，是最具发展前景的 3D 打印技术之一。

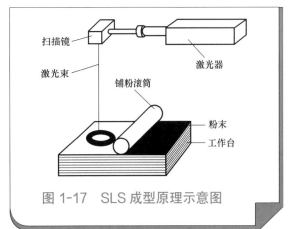

SLS 成型原理示意图如图 1-17 所示。首先，CAD 模型需要在计算机程序中利用分层软件逐层切割以获得每层的加工数据信息。在选择性激光烧结成型时，工艺条件如预热温度、激光功率、扫描速度、扫

图 1-17　SLS 成型原理示意图

描路径、分层厚度等应根据制件要求进行调节，工作室中的预热温度开始升高到预定值并保持不变，铺粉滚筒移动，在平台上铺一层粉末；由精密导轨、伺服控制系统控制激光束对粉末进行扫描烧结，使粉末形成一层实体轮廓。第一层烧结完成后，工作台下降一个分层厚度，由铺粉滚筒再铺上一层粉末进行下一层烧结，如此循环往复，层层叠加形成三维实体。

SLS 成型特点

2. SLS 成型特点

（1）SLS 技术的优点

1）可以制作几何形状复杂的零件，而不受传统机械加工方法中刀具无法到达某些型面的限制。

2）制造过程中不需要设计模具，也不需要传统的刀具或工装等生产准备工作，加工过程只需在一台设备上完成，成型速度快。用于模具制造时，可以大大地缩短产品开发周期，降低费用，一般只需传统加工方法 30%～50% 的工时和 20%～35% 的成本。

3）实现了设计制造一体化。CAD 数据的转化包括分层和层面信息处理可 100% 地自动完成，根据层面信息可自动生成数控代码，驱动设备完成材料的逐层加工和堆积。

4）属于非接触式加工，加工过程中没有振动、噪声和切削废料。

5）材料利用率高，未被烧结的粉末可以对下一层的烧结起支撑作用。因此，SLS 工艺不需要设计和制作复杂的支撑结构。

6）成型材料多样化。理论上，凡经激光加热后能在粉末间形成原子连接的粉末材料都可作为 SLS 成型材料，包括各类工程塑料、蜡、金属、陶瓷等。

7）与其他工艺相比，能生产较硬的模具。

（2）SLS 技术的缺点

1）有激光损耗，并需要专门的实验室环境，使用及维护费用高。

2）需要预热和冷却操作，后处理麻烦。

3）制件表面粗糙多孔，并受粉末颗粒大小及激光光斑的限制。

4）需要对加工室不断充氮气以确保烧结过程的安全性，加工成本高。

5）快速成型过程中会产生有毒气体和粉尘，污染环境。

3. SLS 成型材料

在成型材料方面，SLS 工艺最初只能使用蜡粉和塑料粉末进行成型，后来开发出用于 SLS 成型的金属粉末，从而将 SLS 成型材料推向了更广阔的领域。目前，用于 SLS 成型的材料主要是各类粉末，包括覆膜砂、覆膜陶瓷、覆膜金属、塑料粉末以及精铸蜡粉等。

（1）聚苯乙烯（PS）　聚苯乙烯是一种热塑性树脂，其吸湿率与收缩率都比较小，因此聚苯乙烯粉料经过改性处理就可用作激光烧结成型。聚苯乙烯的激光烧结性能良好，预热温度较低，材料不易老化，且在成型过程中不易收缩翘曲、变形量小，故制件具有良好的成型精度。

（2）聚碳酸酯（PC）　与聚苯乙烯相比，聚碳酸酯适合成型结构形状复杂的铸件，其烧结性能良好，制件的抗压强度主要受其孔隙率大小的影响，制件的密度越大，其抗压强度越高。材料的成型收缩率并不大，制件的收缩与所用粉末的表观密度过低有关，由于 PC 粉末的起始密度很低，烧结时会产生较大的致密化作用，因此产生了较大的收缩，从而影响了制件最终的成型精度。因其比聚苯乙烯材料更加方便脱模，故经常用来制造熔模铸造用消失模。此外，将环氧树脂及其他热固性树脂渗入聚碳酸酯中，可提高制件的性能。

（3）尼龙（PA）　尼龙是重要的工程塑料，是一种热塑性材料，它具有较高的熔点与耐磨性，力学性能良好。因其烧结性能良好，尼龙粉末也是一种重要的 SLS 成型材料。尼龙熔程窄，烧结温度一旦达到熔点便迅速由固体熔化成液体，进而随着烧结完成后温度的降低凝固成型为零件。与注塑成型的零件相比，尼龙制件的抗压强度良好，密度几乎与注塑成型件相当。尼龙材料的成型收缩包括烧结收缩、温致收缩以及凝固时的结晶收缩，与热塑性塑料粉末等非结晶聚合物相比，尼龙粉末材料的烧结变形较大、成型精度不高，且极易产生翘曲变形。

（4）金属粉末　一般来说，SLS 系统配备的激光器功率都较小，不足以直接熔化高熔点金属粉末，而是采用间接法来成型金属件，这种方法使用的金属粉末材料中含有低熔点黏结剂，激光器通过扫描熔融低熔点黏结剂来成型金属件的初始型坯。间接法 SLS 用金属/黏结剂复合粉末材料主要有两大类：一类是用聚合物做黏结剂的复合粉末，包括用有机聚合物包覆金属粉末材料制得的覆膜金属粉末，以及金属粉末与有机聚合物的机械混合粉末，由于以这种金属 / 聚合物黏结剂复合粉末成型的金属件型坯中往往存在大量的孔隙，型坯强度、致密度非常低，因而型坯需要经过适当的后处理工艺才能最终获得具有一定强度、致密度的金属件。后处理工艺的一般步骤为脱脂、高温烧结、熔渗金属或浸渍树脂等，但这种后处理工艺步骤较多，型坯件变形较大，最终金属件的精度很难得到控制。另一类是用低熔点金属粉末（如 Cu、Sn 等）做黏结剂的复合粉末，此类黏结剂在成型后继续留在制件型坯中，由于低熔点金属黏结剂本身具有较高的强度，型坯件的致密度、强度都较高，因而不需要通过脱脂、高温烧结等后处理步骤就可以得到性能较高的金属件。

4. SLS 成型设备

作为 SLS 入门级设备，EOS P110 塑料 3D 打印机可用于直接制造、备件制造以及功能样件（快速原型）制造，具有小巧、灵活、高效等特点，是一种紧凑型激光塑料粉末烧结设备。它具有 200mm×250mm×330mm 的成型空间，可制造基于尼龙或聚苯乙烯材料的塑料制品，非常适合生产小批量或单件的复杂产品，包括医疗器械到高端定制产品。

Sinterit Lisa 是 Sinterit 公司研制的桌面级 SLS 3D 打印机，主要面向个人用户或预算有限的企业，售价明显低于其他 SLS 3D 打印机的平均售价。同时，它的小巧、精致真正实现了将桌面级 3D 打印机放置在"桌面"上。使用桌面 SLS 3D 打印机的好处之一是可以实现较高的精度。尽管零件比较复杂，但可以立即创建许多灵活部件，而且 3D 打印件经久耐用。

四、选区激光熔化成型工艺

1. SLM 成型原理

选区激光熔化（Selective Laser Melting，SLM）技术于 1995 年由德国 Fraunhofer 激光器研究所提出，该技术突破了 SLS 技术对材料种类的限制，能直接制造出致密度接近 100%、具有良好的尺寸精度和表面质量的零件。

SLM 技术是以光斑很小的高功率激光器快速、完全熔化粉末材料，这些材料可以是单一金属粉末、合金粉末甚至陶瓷粉末，基于快速冷却和凝固机制，可以获得非平衡态过饱和固溶体及均匀细小的金相组织，层与层之间实现了冶金结合，成型零件致密度接近 100%，具有较高的尺寸精度和较好的表面质量，力学性能与锻件相当。SLM 工艺综合运用了新材料、激光技术、计算机技术等前沿技术，受到国内外的高度重视，成为新时代极具发展潜力的高新技术，它给制造业带来了无限活力，尤其是给快速精密加工，快速模具制造，个性化医学产品，航空航天零部件和汽车

SLM 成型原理

零配件生产行业的发展注入了新的动力。

SLM 成型的工作原理与 SLS 类似。其主要区别在于粉末的结合方式不同：SLS 是通过低熔点金属或黏结剂的熔化，把高熔点的金属粉末或非金属粉末黏结在一起的液相烧结方式；而 SLM 是将金属粉末完全熔化，因此其要求的激光功率密度要明显高于 SLS。

图 1-18　SLM 成型原理示意图

如图 1-18 所示，激光束开始扫描前，水平铺粉辊先把金属粉末平铺到成型仓的基板上，然后激光束按当前层的轮廓信息选择性地熔化基板上的粉末，加工出当前层的轮廓，储粉仓上升一定的高度，而成型仓则降低一定的厚度；滚动铺粉辊再在已加工好的当前层上铺金属粉末，并将粉末从储粉仓中刮至成型平台上，激光再将新铺的金属粉末熔化，设备调入下一图层进行加工；如此层层加工，直到整个零件制作完毕。整个制作过程在抽真空或通有保护气体的成型仓中进行，以避免金属在高温下与其他气体发生反应。

SLM 技术是在 SLS 技术的基础上发展而来的，两种技术都可以成型金属零件，但也存在较大的区别。

（1）成型材料不同　SLS 技术所选用的材料必须是两种不同熔点材料的混合粉末，一种为待加工零件目标材料，另一种低熔点粉末材料需要起到黏结剂的作用，往往需要特别配制。SLM 技术则在材料配比上对熔点要求较低，适用的材料品种更广泛，从单一组分的金属粉末到合金、复合材料，甚至陶瓷材料都具有可行性。

（2）成型机理不同　在 SLS 成型过程中，激光扫描将混合粉末中低熔点的材料熔化，高熔点的材料并不熔化，被熔化成液相的低熔点材料黏结在一起，形成与粉末冶金坯件类似的原型。SLM 要求用激光将粉末完全熔化为液态，经快速冷却凝固后形成具有完全冶金相的零件。

2. SLM 成型特点

（1）SLM 技术的优点

1）成型工艺简单，产品性能优良。能直接制成终端金属产品，无须借助铸模、锻模技术，不用任何后处理工艺或只需进行简单的表面处理，通过 CAD 造型和材料选择即可加工出可直接使用的零件，提高了生产率。使用具有高功率密度的激光器，以光斑很小的激光束加工金属，能得到具有非平衡态过饱和固溶体及均匀细小金相组织的实体，致密度几乎能达到 100%，零件的力学性能与锻造工艺所得制件相当，尺寸精度可达 0.1mm，表面粗糙度 Ra 值可达 30 ～ 50μm。

SLM 成型特点

2）易成型复杂结构，材料利用率高。适合制造各种复杂形状的工件，尤其是内部有复杂异型结构（如空腔、三维网格）以及用传统方法无法制造的复杂工件。SLM 成型技术制造零件消耗的材料基本上与零件实际相等，未用完的粉末材料可以重复利用，材料的利用率高达 90% 以上。

3）满足个性化需求，应用领域广。利用 SLM 技术可以满足一些个性化制造的需求。如制造人的牙齿，由于人的牙齿各不相同，不适合批量制造，利用 SLM 技术，通过扫描牙齿获得牙齿的三维数据，利用逆向建模构建出牙齿的三维模型，最后通过 SLM 设备打印出来，省去了使用传统方法制造一个个牙齿模具的工艺，缩短了生产周期，提高了生产率。基于独特的成型工艺，SLM 技术在航空航天、生物医学等高新领域已经崭露头角，渐有大放异彩之势，日益受到国内外各行各业专家的广泛关注。

（2）SLM 技术的缺点

1）成型速度较慢，为了提高加工精度，需要用更小的加工层厚。加工小体积零件所用时间也较长，因此，难以应用于大规模制造。

2）设备稳定性、可重复性还需要提高。

3）制件表面质量有待提高。

4）整套设备昂贵，熔化金属粉末需要比 SLS 技术功率更大的激光，能耗较高。

5）SLM 工艺较复杂，需要制件加支撑结构，考虑的因素多，因此，多用于工业级的增材制造。

6）在 SLM 成型过程中，金属瞬间熔化与凝固，温度梯度很大，会产生极大的残余应力，如果基板刚性不足，则会导致基板变形。因此，基板必须有足够的刚性来抵抗残余应力的影响。通过去应力退火能消除大部分的残余应力。

3. SLM 成型材料

SLM 技术的特征是成型材料完全熔化和凝固。因此，其主要适用于金属材料的成型，并且其优点之一就是能够利用大部分金属材料，包括纯金属粉末、合金粉末和混合粉末等。

SLM 成型材料

（1）混合粉末　混合粉末是将多种成分颗粒利用机械方法混合均匀得到的产物。常用的混合方法是机械球磨法，利用这种方法的优点是混合粉末经过适当配比，球磨混合均匀后的松装密度较高。但是，成型过程中会因辊筒或刮板等的作用而使混合粉末成分出现分离（不均匀化），影响成分分布的均匀度。若成型过程中为了增加松装密度应用振动装置，则混合粉末成分分布不均匀的程度将更加严重。

（2）合金粉末　合金粉末是将液态合金经过雾化方法制备的粉末，其粉末颗粒成分均匀。因此，利用预合金粉末成型，没有成分分布不均匀的不利因素。

常见的合金粉末如下：

1）铁基合金。主要包括 Fe-C、Fe-Cu、Fe-C-Cu-P、不锈钢和 M-2 高速工具钢。

2）钛及钛合金。通过添加适当的合金元素，使其相变温度及相分含量逐渐改变而得到不同组织的钛合金，具有重量轻、强度高、韧性好和耐腐蚀等特点。

3）镍基合金。常用的 SLM 镍基合金主要有 Inconel 625、Inconel 718 及 Waspaloy 合金等。例如，镍基高温合金可用于制造航空发动机的涡轮叶片与涡轮盘。

4）铝合金。AlSi10Mg Speed 1.0 是 EOS 公司的材料产品，平均粒径为 30μm，经过 3D 打印后几乎可以 获得 100％的致密度，且制件的抗拉强度可以达到 360MPa，屈服强度可以达到 220 MPa。

5）铜合金。具有良好的导热、导电性能，以及较好的耐磨与减摩性能，在电子、机械、航空航天等领域得到了广泛应用。

（3）纯金属粉末 纯金属粉末是液态单质金属经过雾化方法制备的粉末，粉末的颗粒成分均匀。因此，SLM 单质金属粉末成型不存在成分分布不均匀的不利影响。

4. SLM 成型设备

（1）EOS M400 金属 3D 打印机 这种 3D 打印机可以满足工业生产环境中的直接制造需求，生产高质量、大尺寸的金属部件。

1）直接生产大型金属部件。EOS M400 金属打印机具有 400mm×400mm×400mm 的成型空间，它能够根据 CAD 数据直接生产出大型金属部件，而不需要任何其他工具。

2）质量高、生产率高。EOS M400 金属打印机使用功率为 1kW 的激光，功率高；由于使用两个重涂覆的刀片，使得非生产时间更少；使用新型的、带有自动清洗功能的循环过滤系统，降低了材料过滤的成本。

3）采用模块化平台。

（2）中瑞科技 iSLM150 金属 3D 打印机 使用高能量密度、精细光斑直径的激光，能在极短的周期内，完成常规方法需要数周甚至数月才能完成的复杂零件的制造。成型件不仅尺寸精度高、强度高、致密度高，其力学性能及其他各方面性能也十分优异，主要用于快速制作高精度、高质量的金属零件。

⚙ 任务小结

1. 收集 3D 打印其他成型工艺类型，熟知各工艺的技术原理。

2. 收集知名 3D 打印公司相关设备信息，了解各工艺类型设备的发展现状。

3. 收集 3D 打印材料相关资料，了解各工艺类型使用的材料。

任务三 3D 打印创客

 学习目标及技能要求

学习目标：了解国内创客空间的代表——柴火创客空间；了解创客空间的运营模式和主要职能；理解创客群体的特质和影响因素。

学习重点：柴火创客空间的运营模式及主要职能。

学习难点："互联网 +" 与 3D 打印。

一、关于柴火创客空间的思考

1. 柴火创客空间

柴火创客空间，正如它的名字一样，成了我国创客文化燎原的"星星之火"。柴火创客空间成立于 2011 年（图 1-19），寓意为"众人拾柴火焰高"，致力于为创新制作者（Maker）提供自由开放的协作环境，鼓励跨界交流，促进创意的实现以至产品化。

关于柴火创客空间的思考

图 1-19　柴火创客空间

2. 创客

"创客"一词来源于英文单词"Maker"，是指出于兴趣与爱好，努力把各种创意转变为现实的人们。它体现了一种积极向上的生活态度，同时具有通过行动和实践去发现问题和需求，并努力找到解决方案的含义。伴随着人工智能的发展，传统的产业正在寻求从刚性向柔性进化的可能，对原有的整体结构进行分解和重组，灵活搭建出新的形态，推动这个进程的群体既要有工程师的实践经验积累，也要有设计师的视野。这个群体在不同的行业呈现出不同的画像，每个人都可以是这个群体中的一员。

创客本身并不是一个特定的职业，而是一类人群，这类人群可以来自各个行业。当然，并不能狭义地把怀揣梦想、四处游历的"技术宅"定义为创客，只要勇于在自己所处的行业中基于自身的技术积累做出一些新的尝试，就已经具备了创客的特质。目前，我国制造业在许多领域仍然和国际顶尖水平存在差距，作为一名创客，只有把自己的想象力和学识变成推动社会前进的生产力，才能真正体现自身的价值。

（1）创客理念　创客作为热衷于创意、设计、制造的个人设计制造群体，最有意愿、活力、热情和能力在创新 2.0 时代为自己，同时也为全体人类创造一种更美好的生活。创客最重要的标志是掌握了自生产工具，他们是一群"新人类"，是坚持创新、持续实践，乐于分享并追求美好生活的人。

（2）了解创客空间　"众创空间"和"孵化器"是创客空间目前最主要的两种业态。众创空间是一种全新的组织形式和服务平台，通过向创客提供开放的物理空间和原型加工设备，以及组织相关的聚会和工作坊，从而促进知识分享、跨界协作以及创意的实现以至产品化。

（3）创客的特质　创客的特质可以归纳为有梦想、高激情、不怕险。其中，高激情和不怕险是密不可分的，只有对目标的执着和不害怕试错才有可能支撑一个人克服困难。尤其是试错，这对于任何一个人来说都需要付出成本和面对最终可能失败的风险，创客并不是完全不在乎风险和失败，只是相较于内心对于梦想的渴望，风险不足以让他们停下脚步。

（4）影响创客的因素　创客的成长与培养是一个比较复杂的过程，其中创客辅导和众筹推介是两个关键环节。创客辅导主要是解决创客的素质提升、理念更新、方法应用、成果产出等问题，特别是创客的创造成果出现后，如果仅仅停留在创客的口袋里、脑袋里，往往会陷于"自娱自乐、自生自灭、自作自受"的尴尬局面，而将众筹推介与创客辅导无缝对接起来，通过众筹平台的特有优势，打通创客成果的"出口"，使创客成果得到社会展示、大众分享、修正提高、体现价值。这样创客服务模式必然会极大地提高创客热情和创客成长效率，而这也是以"柴火创客空间"为代表的众多创客空间存在的价值。

二、"互联网＋与3D打印"项目

1. "互联网＋"发展现状

随着云计算、大数据、物联网、人工智能等技术与各个行业不断融合，行业新模式新业态不断涌现，产业互联网越来越被社会广泛关注，根据 2019 年《中国互联网络发展状况统计报告》给出的数据，截至 2018 年 12 月，我国的网民规模达 8.29 亿人，互联网普及率为 59.6%，这样高的互联网普及程度意味着在消费互联网市场拥有庞大的用户基础，如图 1-20 所示。11 个"互联网 +"重点区域，其中创新创业排在第一位，如图 1-21 所示。

图 1-20　2008—2018 年中国网民规模和互联网普及率

2. "互联网 +"创新创业大赛

2015 年 4 月，李克强总理在吉林大学视察期间提议举办中国"互联网 +"大学生创新创业大赛（以下简称"大赛"）。2015—2018 年，习近平总书记先后多次关注了该赛项。2019 年第五届大赛有全球 124 个国家和地区的 457 万名大学生、109 万个团队报名参赛，参赛项目和学生数接近前四届大赛的总和。

大赛主要有三个目的和任务：以赛促学，以赛促教，以赛促创。希望可以通过创新创业大赛，培养创新创业生力军，探索素质教育新途径，搭建成果转化新平台。

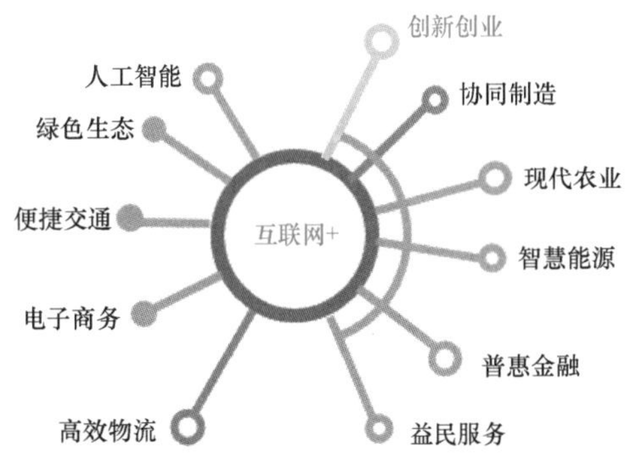

图 1-21　"互联网 +"
11 个重点区域

第五届大赛主要包括五个赛道：高教版主赛道、青年红色筑梦之旅赛道、职教赛道、国际赛道和萌芽板块。其中，职教赛道仅限职业院校学生报名参赛，使职业院校的学生有了更加公平的比赛平台。大赛评委主要由行业企业、投资机构、创业孵化机构、大学科技园、公益组织、高校和科研院所的专家组成，因此可以从各个方面对参赛项目进行评审。参赛项目可以选择将互联网技术与经济社会各领域紧密结合的项目，也可以选择其他各类不包含互联网技术的创新创业项目，可根据行业背景选择相应类型。参赛项目必须真实、健康、合法。首先，必须是真实运行的项目，能够提供相应的运行数据和证明材料；其次，要符合社会主义核心价值观，无任何不良信息；最后，必须遵守相关的法律法规，无任何违法行为。大赛采用校级初赛、省级复赛、全国总决赛三级赛制。职教赛道全国筛选 200 个项目进入现场总决赛。国赛设金奖 15 个、银奖 45 个、铜奖 140 个，获奖项目将由组委会颁发获奖证书，提供投融资对接、落地孵化等服务。

> 学生通过运用自己所学的专业知识，结合 3D 打印、AR 等前沿技术，为传统产业做微小的创新，做小而美的事情，这是很多创业者的初衷。

3. 如何编写项目计划书

一份合格的项目计划书应该包括七个部分：项目简介、产品 / 服务介绍、市场分析、竞争力分析、里程碑、财务计划和团队介绍。项目简介作为一个"迷你版"的创业计划书，需要从商业模式、项目创新点、市场规模和前景、竞争优势、团队介绍、预期收益和融资计划问题七个方面对创业项目进行概述。产品 / 服务介绍是项目计划书的核心部分，需要从产品价值、技术手段和产品优势三个方面进行阐述：产品价值需要讲述产品 / 服务对终端客户的价值；技术手段需要讲述产品或服务是通过何种技术或手段来实现的；产品优势则需要与市场上已存在的产品或服务相比，分析该产品或服务有哪些优势。市场分析首先需要分析市场痛点，描述市场空白或者存在的问题，对用户进行细分，确定公司有多少潜在用户；分析市场规模和发展趋势，确定品牌定位和营销策略，所有分析均需要用可靠的数据说话。竞争力分析是指客观评价竞争对手，分析潜在的竞争对手，分析自己的竞争优势和行业的竞争壁垒。财务计划需要简单说明未来一年或者一年半内需要多少钱、打算怎么花这笔钱、在多长时间花多少钱达到什么样的效果。团队介绍是从团队成员的基本信息、教育经历、工作经历、个人特长和工作分工六个方面对创业团队进行介绍，要求团队成员搭配合理、战斗力强，具有创业成功的可能性高。

任务小结

1. 收集创客空间的资料，了解创客空间对创新创业的意义。

2. 收集涉及 3D 打印的"互联网 +"技能竞赛，熟知竞赛中 3D 打印内容的相关要求及应用。

项目二　手电筒的创新与 3D 打印

 教学目标

知识目标

1. 了解产品改良设计的概念。

2. 掌握产品调研的方法。

3. 掌握概念、方案设计方法。

4. 掌握手绘创意表达方法。

5. 掌握犀牛软件建模方法。

6. 掌握光源及电池选型方法。

7. 掌握 3D 打印切片软件的使用方法。

8. 掌握 3D 打印机的使用方法。

9. 掌握 3D 打印后处理方法。

能力目标

1. 能够根据产品进行改良方案设计。

2. 能够根据改良方案进行手绘。

3. 能够根据手绘图进行三维模型建模。

4. 能够根据要求及空间大小合理选择电气零部件。

5. 能够根据要求对手电筒进行结构设计。

6. 能够熟练操作切片软件。

7. 能够熟练操作熔融沉积成型 FDM 3D 打印机。

8. 能够根据要求对打印的手电筒进行后处理。

职业素质目标

1. 能够在改良方案设计阶段提出创新思路。

2. 能够和团队成员协商，共同完成产品的制作。

3.能够在产品设计阶段使用 CAD 设计功能。

4.能够运用网络、公众号等平台获得手电筒的相关知识。

5.能够选择合适的成型工艺进行 3D 打印。

职业素养目标

1.具有主动学习的意识。

2.具有设备操作安全意识。

3.具有团队协作精神。

4.具有不畏困难的精神。

任务一　手电筒的工业设计

学习目标及技能要求

学习目标：了解新产品开发设计和产品改良设计的区别、消费者调查的内容与目的、概念草图及犀牛软件的使用方法；掌握对现有手电筒产品进行调研、消费者调查的方法；能够通过市场以及网络收集手电筒产品的相关信息；能够通过产品机会缺口得出手电筒的设计定位；能够确定手电筒的关键字和词，运用思维导图进行汇总；能够通过手电筒产品的调研进行相关的分析总结；掌握手电筒建模的方法；掌握手电筒渲染的方法。

学习重点：利用市场以及网络手段收集该手电筒产品的相关信息；对手电筒的消费者进行调查的方法，设计定位；分析产品的机会缺口、手电筒建模的方法。

学习难点：调研的分析与总结；问卷调查结果分析；设计定位；产品的优化；手电筒建模的思路。

一、手电筒产品因素调研

1. 课程导入

手电筒产品
因素调研

新产品开发往往是一种创新设计，其结果是一种新产品的诞生，如图 2-1 所示的智能助力机器人、悬浮鞋等，智能助力机器人可以帮助残疾人行走，而悬浮鞋则可以让人们如同穿上哪吒的风火轮那样快速前进。现有产品的改良则是一种改良设计。没有一种产品可以经久不衰，随着时间的推移和社会文化的发展，产品的一些功能、作用、外观等因素将落后于时代，这就需要设计师对其进行改良再设计，而产品就是在这种改良设计中不断发展变化的。例如，图 2-2 中的旅行箱就是依据使用对象的需求所进行的改良设计，为了方便儿童出行，旅行箱可以变为儿童的玩具车，也可以将其改良为一个带轮子的推椅。这些都属于产品的改良设计，下面的手电筒案例也是改良设计。

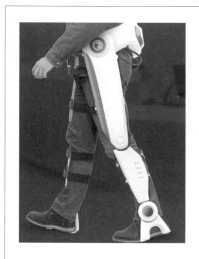

图 2-1　新产品开发

图 2-2　现有产品的改良

2. 现有产品调研

设计新产品前对该产品的现有市场进行调研对设计师来说是必不可少的，同类产品相当于设计师所要设计产品的竞争产品。了解主要的同类产品在市场上的卖点、缺点等，可以对自己要设计的产品有新的定位和认识，下面将进行手电筒产品的改良设计。

（1）手电筒用途的调研分析　如图 2-3 所示，夜骑手电筒，主要用途是夜间骑行时照明，因此需要有良好的亮度，续航时间要长，聚光部分则不要过于汇聚；潜水手电筒，潜水时在海底照明使用，要求防水性和可靠性好、亮度高，照明时间依据潜水时间而定，造型适当大一些有利于握持，开关要能够对抗水压，最好有带锁定功能的手绳防止意外脱落；露营手电筒，一般在野外露营帐篷中使用，泛光一定要好，对亮度需求低，但续航时间要长，最好可以连续照明整晚以上；巡逻安防手电筒，用于治安巡逻照明，标准要求为一轻、二亮、三射程远兼顾近距离照明、四照明时间长。以上是现阶段常用手电筒的主要用途。

a) 夜骑手电筒　　b) 潜水手电筒　　c) 露营手电筒　　d) 巡逻安防手电筒

图 2-3　手电筒用途的调研分析

（2）手电筒形态的调研分析　如图 2-4 所示，圆柱形手电筒有较好的抗形变能力，可以获得最大的有效容积，用于装置内部件；矩形手电筒有棱有角，方便抓握，并且不容易滑落；仿生形手电筒一般模仿动物的造型，以增加产品的趣味性；还有一部分手电筒打破传统外形形态，以视觉力学作为其设计依据，增强产品的设计感。

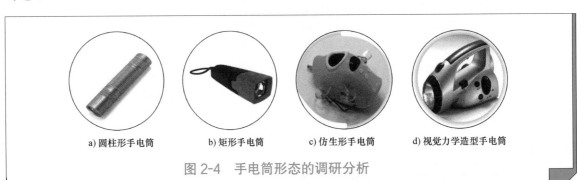

a) 圆柱形手电筒　　b) 矩形手电筒　　c) 仿生形手电筒　　d) 视觉力学造型手电筒

图 2-4　手电筒形态的调研分析

（3）手电筒附加功能的调研分析　如图 2-5 所示，多档调节功能，可以对手电

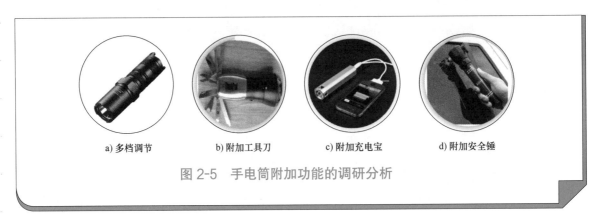

a) 多档调节　　b) 附加工具刀　　c) 附加充电宝　　d) 附加安全锤

图 2-5　手电筒附加功能的调研分析

筒进行多档亮度调节；附加工具刀功能，可以在野外条件下使用；附加充电宝功能，外出时能为手机提供及时的续航；附加安全锤功能，在发生紧急事故或灾害时，可以用来砸碎汽车玻璃窗逃生，同时可在野外用作锤子。

（4）手电筒色彩的调研分析 如图 2-6 所示，现在市场上手电筒的颜色主要有单色、金属色和多彩色，其中单色较为简洁，给人干净清爽的感觉；金属色的光泽度和金属感较强，更能表现细节上的质感，在视觉上具有流动感与整体感；多彩色，鲜亮的多种色彩让人有一种视觉上的愉悦感，这种视觉上的感觉同样能够附加在手电筒上。

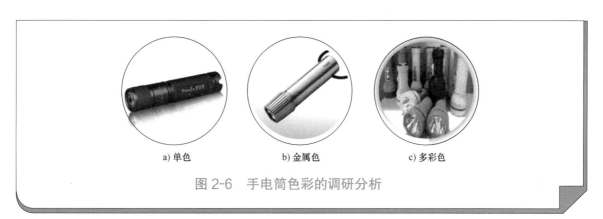

a) 单色　　　　　　　　b) 金属色　　　　　　　　c) 多彩色

图 2-6　手电筒色彩的调研分析

3. 手电筒产品的调研分析

通过对市场上同类手电筒产品的调研分析，了解到手电筒产品的大致情况，接下来，需要为即将开始的设计活动确定一个基准，并将这个基准作为指导本产品设计的重要依据，如图 2-7 所示。

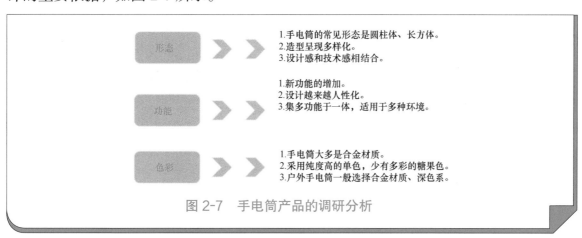

图 2-7　手电筒产品的调研分析

首先在形态方面，通过前期的调研发现，手电筒的常见形态为圆柱体和长方体，仿生形态和视觉力学造型较为少见，但随着时代的发展，具有设计感的后两种造型的手电筒会越来越多。同时随着人们个性化需求的提高，手电筒的造型也会呈现多样化。而设计感和技术感相结合的手电筒造型将更加受消费者青睐。

其次在功能方面，手电筒以前主要以单一照明功能为主，随着科技的进步，现在的手电筒增加了新的附加功能，如充电宝、工具刀、安全锤等，其功能设计得越来越贴心，越来越人性化。而户外手电筒需要集多种功能于一体，以适应不同的使用环境。

最后在色彩方面，调研结果显示现有手电筒大多是合金材质，以金属色为主，特别是金属单色。部分手电筒为塑料材质，采用纯度高的单色，少有多色相搭配。而户外手电筒一般选择合金材质、深色系，经久耐用不显脏。

二、手电筒消费者调查及分析

1. 手电筒消费者调查

手电筒消费者调查

一种产品总是有它所针对的受用人群，没有产品是适合所有人的，在设计产品前应该对其受用人群做好定位。

设计师所设计的产品针对的是哪些人？这是进行消费者调研前需要思考的问题。定位好受用人群后，应采取怎样的调研方式对受用人群进行调查？怎样才能更准确地把握产品的潜在市场需求？接下来，就对手电筒产品的受用人群进行定位及调研分析。

这款户外手电筒的受用人群主要是户外爱好者。主要的调查方式有三种：面对面的询问法、观察法和问卷调查法。在产品设计中，可以同时采用这几种调查方式来开展调查，这几种方式之间可以相互补充，弥补各自的缺陷。

（1）面对面的询问法　如图 2-8 所示，面对面的询问法是和消费者进行面对面的交流，可以当面获取信息，有利于获得有效的资料。其缺点是由于没有统一的提

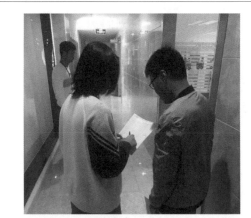

图 2-8　面对面的询问法

纲，采取随机的询问方式，所以获得的信息分析起来比较困难。

（2）观察法　其优点是可以调查事物的客观面貌，但花费的精力比较多。图 2-9 所示为手电筒的户外使用状态，通过观察其使用状态，可以了解现有手电筒的优缺点。

（3）问卷调查法　问卷调查法应用得较多，其优点是易于回答、书面形式的涵盖面广，被调查者有充分的时间考虑如何回答问题，缺点是回收率较低。图 2-10 所示为户外手电筒的调查问卷，首先应确定好标题，即"关于户外手电筒使用情况

的调查"；其次要确定调查对象，即户外爱好者；最后是问卷调查的主要题目。除了图中的题目，也可以询问手电筒的使用建议，但这类问题以一个为好，以免耽误被调查者的时间。

a)　　　　　　　　　　b)　　　　　　　　　　c)

图 2-9　观察法

关于户外手电筒使用情况的调查

朋友们，感谢您在百忙之中抽出时间完成这份调查，这次调查问卷有关产品的改良与设计，希望对此有个了解，感谢您的合作。

*您携带手电筒出门的频率

- ○ 从不
- ○ 偶尔
- ○ 经常
- ○ 随身
- ○ 其他
  - * _____

*请问您使用手电筒的场景有哪些？【多选题】

- □ 徒步
- □ 露营
- □ 钓鱼
- □ 潜水
- □ 探索
- □ 骑行
- □ 其他

*您会选择哪种能量来源的手电筒？

- ○ 电池
- ○ 充电
- ○ 太阳能

*您对手电筒开关有什么要求？

- ○ 推进式
- ○ 按压式
- ○ 触摸式
- ○ 旋钮式

*您理想的手电筒携带方式

- ○ 头戴式
- ○ 挂饰式
- ○ 手持式
- ○ 其他
  - * _____

*您认为手电筒应具备防水功能吗？

- ○ 需要
- ○ 不需要
- ○ 两者都可以

*您对手电筒的功能更在意什么？【最少选1项】

- □ 亮度
- □ 远近
- □ 可调焦
- □ 耐用
- □ 防水
- □ 直充

*您觉得照明设备的不足之处有【最少选择1项】

- □ 照明时不便于操作
- □ 占用双手
- □ 有照明死角
- □ 亮度不够
- □ 其他

*您希望在户外电筒上增加什么功能？【多选题】

- □ 充电宝
- □ 声音报警器
- □ 紧急破窗
- □ 防水功能
- □ 三档调节
- □ GPS定位
- □ 听歌
- □ 听收音机
- □ 其他

图 2-10　手电筒产品调查问卷

设计问卷调查题目时应注意以下几点：①先易后难、先简后繁；②避免提出笼统的问题，应将问题尽量细化；③每个问题只能有一个重点；④注意使用"和""与"等连接性词语；⑤避免带有暗示性的问题；⑥先提出一般的问题，后提出敏感的问题，并要注意这些问题之间的相关性。

2. 手电筒调研结果及其分析

手电筒的问卷调查结果如图 2-11 所示。对结果进行分析，可以得到如下的结论：①户外手电筒的主要使用场景是徒步及露营时；②户外手电筒应具备耐用、体积小、功能多等特点；③人们比较看重户外手电筒的性能、款式、重量、续航时间，其次为灯光的颜色以及照射的距离，人们希望户外手电筒的颜色更加的丰富多彩，适合户外使用；④大部分被调查者的理想型手电筒的携带方式为手持式。

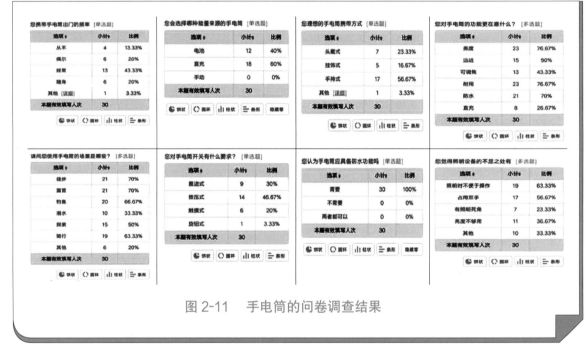

图 2-11 　手电筒的问卷调查结果

三、手电筒产品的机会分析和设计定位

1. 手电筒产品的机会分析

手电筒产品的机会分析和设计定位

产品从一个设计想法到能看得见的视觉效果需要经历一个复杂的过程，因为设计想法是抽象的，而产品设计的目的是将这些抽象的想法转变成具体的物质形态和功能形态。前期的设计调研从某种意义上来说，主要是将客观事物中与产品相关的信息因素进行收集、分类、排序、提炼，得到产品的机会缺口，从而为接下来要进行的产品设计定位做准备，如图 2-12 所示。

通过手电筒产品的市场调研，得到其机会缺口为：①现有手电筒较短而细，抓握感不强，造型时要注意手电筒的抓握感，同时保证其体积小、方便携带；②伸缩式充电插头在伸缩时容易出现卡住不动的问题；③应适用于多种使用场景，而不是仅作为户外照明设备使用，并且灯光的亮度可依据使用场景的不同而进行调节。

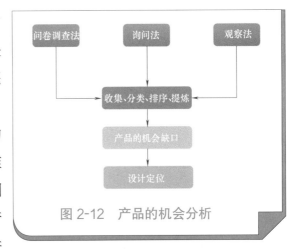

图 2-12　产品的机会分析

前期的市场调研以及产品机会缺口的分析，都是为接下来的产品设计定位做准备。而设计定位阶段，主要是基于设计调研的主观性创意活动。下面将对手电筒产品进行设计定位，对其产品的机会缺口进行取舍，力图解决 1～2 个机会缺口的问题。

2. 设计定位

首先是使用人群定位，该手电筒的使用人群主要为户外旅行人员、自助旅游爱好者、户外徒步爱好者等；其次是环境定位，该手电筒的使用环境主要是户外，适用于野外探险等；功能定位，主要有照明、充电等功能；造型定位，将采用简洁的造型，没有过多的装饰物。

3. 概念与方案构思

通过确定关键字和词，运用思维导图进行汇总，如图 2-13 所示。进行产品创意手绘前，可以运用思维导图来进行方案的构思以及概念的提取，从而拓展思维视角，提高设计定位的准确性、深度和创造性。

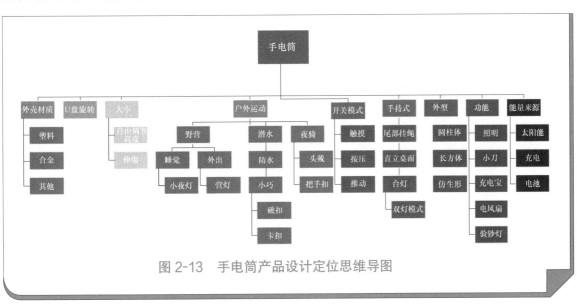

图 2-13　手电筒产品设计定位思维导图

在思维导图中，先从手电筒产品外壳的材质入手，主要有塑料、合金或其他材质。在结构上，除了普通的直筒造型外，也可以采用类似 U 盘的旋转结构，以及可以伸缩从而能自由调节手电筒长度的结构。针对使用环境为户外这一定位，将使用场景设为以下三个，即野营、潜水和夜骑，其中野营有"睡觉"和"外出"两种模式，"睡觉"模式带有小夜灯功能，而"外出"模式下可以变为营灯；在潜水场景中，要求手电筒具有防水功能，同时还要小巧、便于携带；在夜骑场景中，可以考虑设计为头戴模式，来解放骑行者的双手。

在开关模式方面，考虑了三种开关方法：触摸式、按压式和推动式。对于手持式手电筒，可以考虑在尾部加入挂绳的设计，以及可以将该手电筒直立在桌面上，作为台灯使用。在造型方面，可以采用相对简洁大方的外观设计，如圆柱体、长方体或仿生形。在功能方面，可以根据实际需求增加照明、小刀、充电宝、电风扇、验钞灯等附加功能。在能量来源方面，可以考虑三种模式，即太阳能、充电和电池。

四、手电筒产品的手绘创意表达

1. 概念草图

产品视觉化的第一步，就是绘制概念草图。概念草图主要用来记录快速闪过头脑的灵感和想法，要求快速记录、关系明确，视觉上应便于交流，不必拘泥于细节，但要有结构关系和空间关系，如图 2-14 所示。

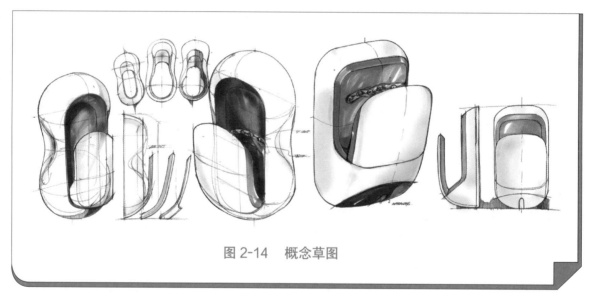

图 2-14　概念草图

图 2-15 所示为一些产品的概念草图，其作用主要有：①快速记录设计创意；②强化产品的整体造型；③明确产品组成部分的结构关系；④探讨产品使用的人际关系以及产品所处的环境预想；⑤确定产品的色彩和材质的构想。

2. 手电筒产品案例的透视关系

通过前面产品的机会分析，来进行手电筒产品概念草图的绘制，绘制初期可以采用"头脑风暴"的方式，快速地记录头脑中闪过的灵感和想法。

手电筒产品的造型一般是圆柱体形态的衍生，其透视关系和柱体是一致的。

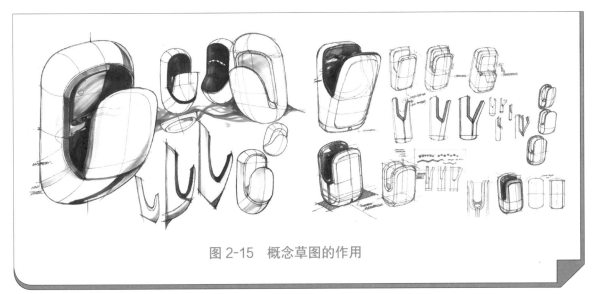

图 2-15　概念草图的作用

图 2-16 所示为纵向椭圆透视变化示例，中间的线称作视平线，距离视平线越近，椭圆的圆度越小；距离视平线越远，椭圆的圆度越大，这就是手电筒产品概念草图绘制的透视技巧。

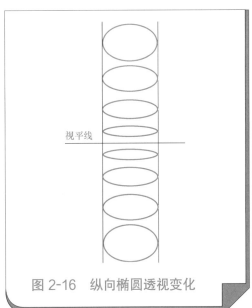

视平线

图 2-16　纵向椭圆透视变化

例如，图 2-17 所示圆柱体形态水壶产品概念草图的绘制步骤如下：

1）从整体上绘制水壶产品的视觉特征。

2）注意水壶产品的透视关系。

3）按从大到小的顺序进行绘制。

4）进行产品的微调并区分线条粗细。

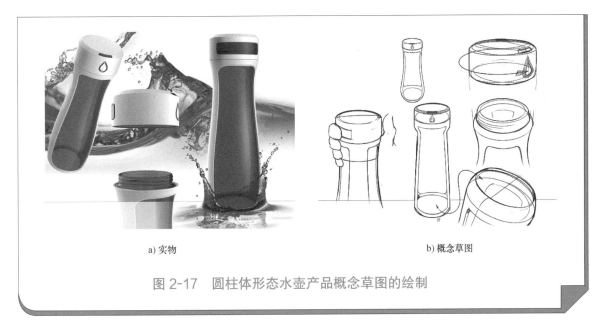

a) 实物　　　　　　　　　　　　　b) 概念草图

图 2-17　圆柱体形态水壶产品概念草图的绘制

3. 手电筒产品方案优化

从手电筒项目草案中择优选取了以下三种方案，并最终选定其中一个方案作为最终方案。

（1）方案 1（图 2-18）　方案 1 中手电筒的直径设计得较粗大，以增强人们的抓握感。同时为了方便携带，在手电筒的中间增加了一个可以伸缩的部分，在需要收纳时候，可以把这部分收缩起来，以减小手电筒的体积。

（2）方案 2（图 2-19）　方案 2 中的手电筒采用了比较纤细的造型，方便携带，并且在其尾部设计了一个挂绳装置，以便于手电筒的放置。

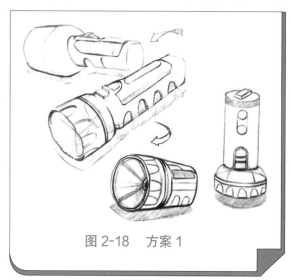

图 2-18　方案 1

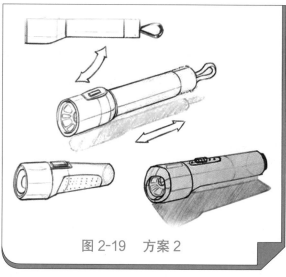

图 2-19　方案 2

（3）方案 3（图 2-20）　方案 3 为最终选定的方案，该手电筒具有两个灯：外出时，可以打开上部的灯，其亮度较强；在帐篷中使用时，可以切换为中间亮度稍弱的灯，此时手电筒将变成一个小夜灯。

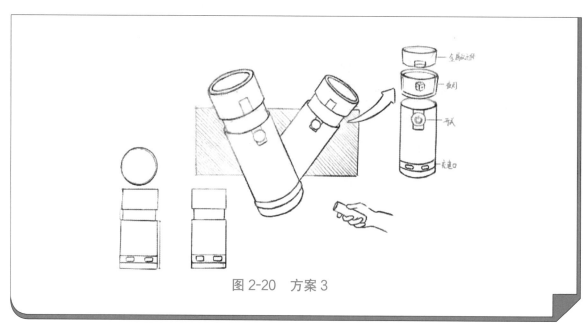

图 2-20　方案 3

手电筒产品的
建模与渲染

五、手电筒产品的建模和渲染

随着计算机辅助设计技术的不断发展，虚拟现实技术随之出现，计算机三维建模和渲染技术的诞生与发展也促进了三维效果图在产品设计和制造领域的应用。目前，在产品设计领域应用比较广泛的有犀牛、Creo、NX、KeyShot 等三维建模和渲染软件。

1. 产品建模和渲染软件简介

（1）犀牛软件　犀牛软件是由美国 Robert 公司于 1998 年推出的一款基于 NURBS 曲面的三维建模软件，它是一款强大的专业三维造型软件，广泛应用于工业设计、产品设计、建筑艺术、汽车制造、机械设计等各个领域。在工业设计中，尤其是在产品设计中，三维设计具有非常重要的作用，可以快速、准确地将创意表现出来，是各工业设计师必备的能力之一。犀牛软件因其曲面功能强大、操作方便、入门快捷而受到广大工业设计师和学生的欢迎。犀牛软件建模示例如图 2-21 所示。

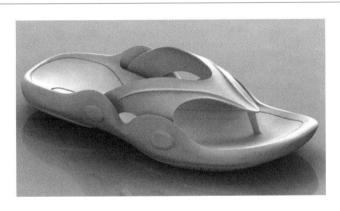
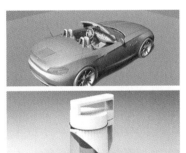

图 2-21　犀牛软件建模示例

（2）KeyShot 软件　KeyShot 是一款互动性的光线追踪与全局 GI 光照的渲染软件，无须进行复杂的设定即可产生照片般真实的 3D 渲染效果。它根据物理方程模拟光线流，因此能够产生逼真的图像。现在从高校到设计公司以及企业的产品设计师都在使用 KeyShot 软件来表现最终的创意提案。KeyShot 软件产品渲染示例如图 2-22 所示。

图 2-22　KeyShot 软件产品渲染示例

2. 犀牛建模

步骤 1：对手电筒产品的主体部分建模，绘制半径为 21mm 的圆形并挤出，挤出长度为 109mm，如图 2-23 所示。

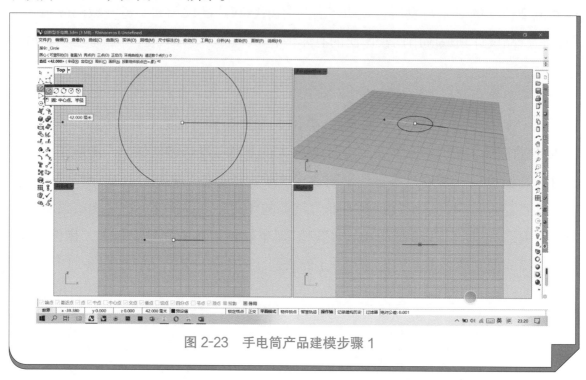

图 2-23　手电筒产品建模步骤 1

步骤 2：绘制开关部分轮廓线并挤出，其中最外圈矩形长度为 35.3mm。对最外圈的矩形进行操作，移动轴并且布尔运算分割，移动中间的矩形进行布尔运算差集，移动最内圈的圆角矩形进行布尔运算分割；绘制截平面分割主体以及开关外圈圆角矩形（分割位置上半部分为 35mm，下半部分为 74mm），如图 2-24 所示。

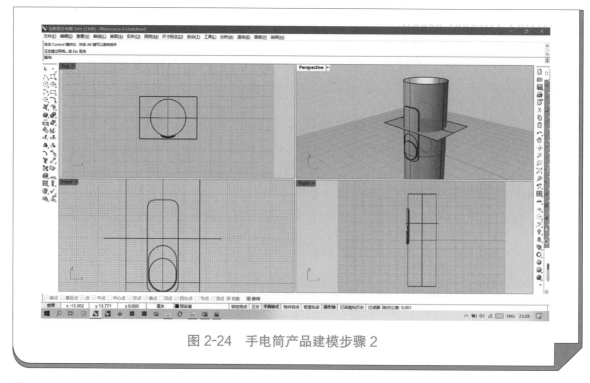

图 2-24　手电筒产品建模步骤 2

步骤 3：绘制灯头部分，向内偏移外壳（偏移距离为 1mm），然后绘制小圆调整位置，依次选择外壳内环边缘与小圆进行放样，绘制两条曲线并旋转成型，对灯进行加盖处理，如图 2-25 所示。

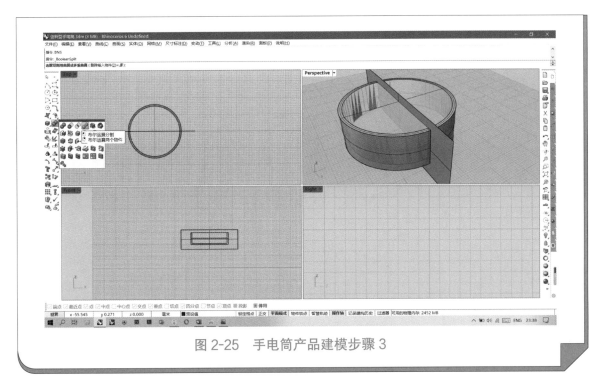

图 2-25　手电筒产品建模步骤 3

步骤 4：挤出灯头外壳底部内环边缘（挤出距离为 12mm），并且对齐底部进行平面成型处理，向内偏移（偏移距离为 1mm），向下挤出内环形成实体（挤出距离为 11mm），再绘制截平面分割实体，如图 2-26 所示。

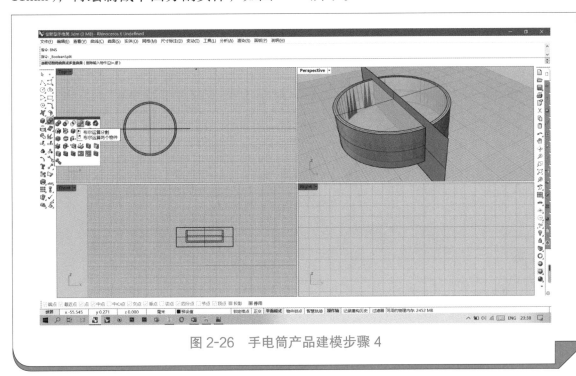

图 2-26　手电筒产品建模步骤 4

步骤 5：显示灯身部分，绘制多重直线并将其旋转成型，组合并加盖；绘制多重直线并将其挤出，使用布尔运算差集做出图 2-27 所示效果，对高亮显示边缘使用边缘斜角工具（斜角值为 3mm），然后使用偏移曲面工具（偏移距离为 0.5mm）处理，继续细化插口处细节，效果如图 2-27 所示。

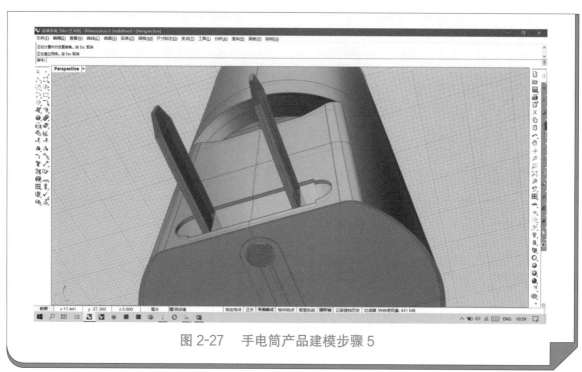

图 2-27　手电筒产品建模步骤 5

步骤 6：绘制图 2-28 所示的高亮曲线，使用圆管（圆头）工具，选择刚刚画好的曲线，绘制一个半径为 0.5mm 的圆管，使用环形阵列工具（阵列数为 4），布尔运

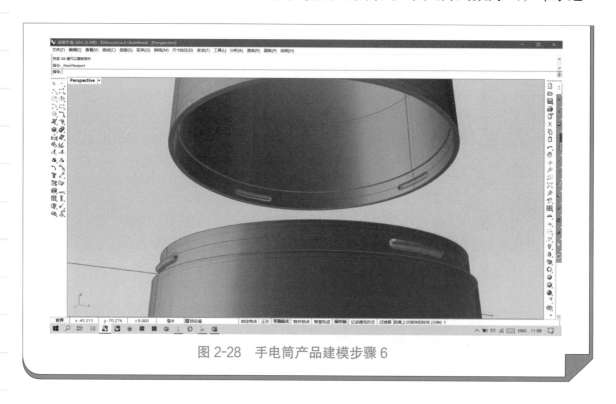

图 2-28　手电筒产品建模步骤 6

算联集圆管与灯身，调出灯头部分，使用布尔运算差集做出紧配合效果。

步骤 7：依次倒角（倒角值均为 0.2mm），将灯头部分向上移动（移动距离为 9.8mm），手电筒的模型即建立完毕，如图 2-29 所示。

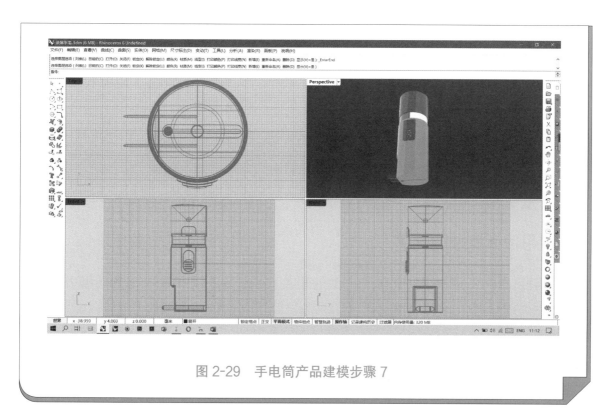

图 2-29　手电筒产品建模步骤 7

3. 渲染

将该模型导入 KeyShot 软件中，然后选择合适的材质球拖动给手电筒不同部分，最后单击"渲染"按钮，得到图 2-30 所示的渲染效果。

图 2-30　手电筒产品最终渲染效果

任务小结

1. 收集手电筒相关设计资料，熟知手电筒调研的一般方法。
2. 了解消费者群体调查的方法。
3. 了解概念草图的定义以及概念草图的作用。
4. 掌握草图绘制的透视关系，注意绘制要点及手电筒草图方案的优化。

任务二　手电筒的元器件选型

学习目标及技能要求

学习目标： 了解电子发光源和电池的相关知识，掌握光源和电池的选型方法。

学习重点： 电池参数分析。

学习难点： 电池参数分析。

电子元器件在电子产品中无处不见。例如，手电筒中的电子元器件至少包含光源和电池。因此，需要了解有关光源和电池的知识，这样才能完成手电筒的电子元器件选型。

手电筒的电子元器件选型

一、光源

光源的相关概念主要有光通量、光效等。其中，光通量是指单位时间内发出的光量总和，光通量越大，手电筒的亮度越高。光通量一般与所选灯具的功率及效率有关，功率越大、效率越高，灯光亮度越高。光效即灯具的发光效率，效率越高，在同样的供电电压下，光通量越大。

常见的光源主要包括以下三类：

（1）白炽灯　属于热辐射光源，其灯罩样式及颜色种类丰富、通用性强、成本低。传统的手电筒大多采用白炽灯，如图 2-31 所示。

（2）卤钨灯　这种光源也是一种热辐射光源，其简单易用、亮度调节方便、常用于一些照明要求较高、显色性较好或要求调光的场所（如装饰画），如图 2-32 所示。

（3）LED　基于半导体技术的发光二极管，其发光效率高、使用寿命长，在强光手电筒中使用率极高，如图 2-33 所示。

图 2-31　白炽灯实物

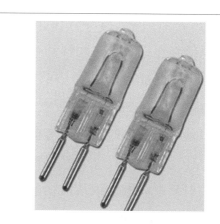

图 2-32　卤钨灯实物

设计这款手电筒时，根据之前市场定位需求，结合成本、技术难度、售后维护等方面进行综合考虑。可以看出，虽然 LED 成本较高，但其使用寿命及用户体验均优于另外两种光源。

二、电池

手电筒中的另一个重要电子元器件是电池。电池主要用于储备一定的电能，以满足设备在没有外接电源情况下的能量需求。有时为了延长手持设备的工作时间，还可以使用外接电池如移动电源来续航。目前市面上常见的电池按材料分，主要有以下几种：

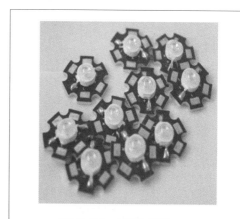

图 2-33　LED 实物

（1）碳性电池　它的全称为中性锌 - 二氧化锰干电池，由于其电解质是一种不能流动的糊状物，又被称为干电池，是一种一次性化学原电池，如图 2-34 所示。

（2）铅酸蓄电池　其电极主要由铅及氧化物制成，使用硫酸溶液作为电解液。单只铅酸蓄电池的标称电压为 2.0V，可以反复充电使用，如图 2-35 所示。

图 2-34　碳性电池

图 2-35　铅酸蓄电池

（3）锂离子电池　锂离子电池主要依靠锂离子在正、负极之间移动来实现充电和放电。其能量密度大，可以用于需求大电流场合，如图 2-36 所示。

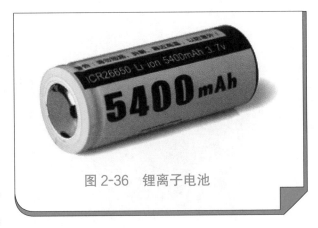

图 2-36　锂离子电池

对电池进行选型时，需要考虑的因素包括电压、容量、尺寸、是否可充电等。人们对手电筒的需求从最初的应急照明到一般性的夜间步行照明，再到现在的趣味性照明；相应地，手电筒的电池和光源从面世初期的碳性电池＋白炽灯方案到铅酸蓄电池＋白炽灯方案，再到现在的高亮手电筒普遍使用的锂离子电池＋LED 方案。

 任务小结

学生通过对光源和电池参数的分析，可以掌握手电筒中电子元器件的选型方法。依此类推，完成手电筒中所有电子元器件的选型工作，为以后从事电子产品开发工作奠定基础。

任务三　手电筒的结构设计

 学习目标及技能要求

学习目标：掌握手电筒产品结构设计的流程，能够选择合适的方法进行结构设计；掌握布局、拆分及固定连接的基本原则，包括外形重构、固定连接等操作。

学习重点：产品结构设计的流程。

学习难点：结构布局、结构拆分、结构连接与固定。

一、外形重构

手电筒的外形重构

产品设计包括工业设计与结构设计，工业设计与结构设计是如何衔接的？工业设计是根据艺术构思进行建模与渲染，如图 2-37 所示。工业设计常用的软件是 Rhino（犀牛）、KeyShot 等，输出的文件是 JPG 图片或 IGES 文件，而结构设计常用的软件是 NX 或 Creo 等，故需要将工业设计输出的图片或失参模型导入 NX 或 Creo 软件进行结构设计，如图 2-38 所示。

图 2-37　手电筒
渲染效果

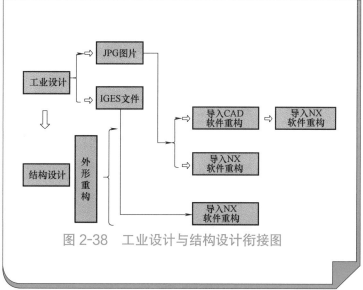

图 2-38　工业设计与结构设计衔接图

1）导入 NX 软件进行外形重构，包括新建手电筒模型和导入渲染图片，如图 2-39 与图 2-40 所示。

图 2-39　新建手电筒模型

图 2-40　导入渲染图片

2）然后在所导入模型的基础上勾勒产品外形轮廓，如图 2-41 所示。

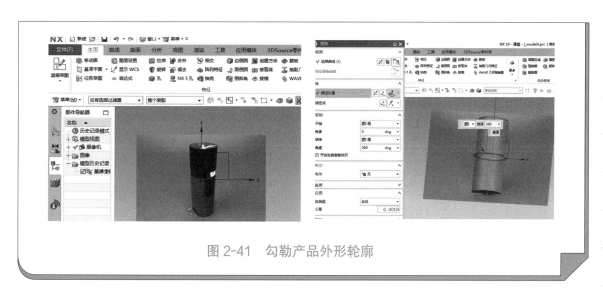

图 2-41　勾勒产品外形轮廓

3）导入 IGES 文件与设置数据类型，如图 2-42 与图 2-43 所示。

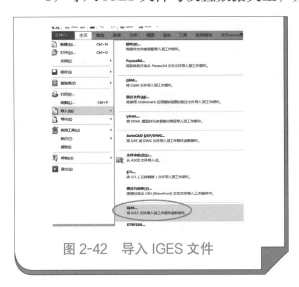

图 2-42　导入 IGES 文件

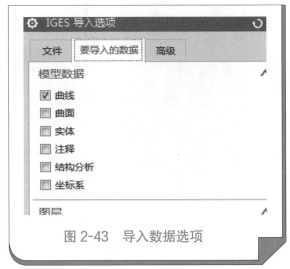

图 2-43　导入数据选项

1. 手电筒结构

常见手电筒结构如图 2-44 所示，包括充电插头、电池、PCB 及开关等电子元器件，此外还有左壳、右壳、灯罩、反光杯等零部件。

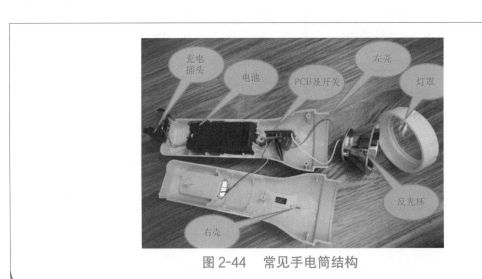

图 2-44　常见手电筒结构

2. 结构布局

各种零部件在手电筒中如何布置，直接关系到手电筒产品功能的实现及手电筒的大小。在工业设计中确定产品的外形大小及选定电子元器件的基础上，零部件的布局也直接关系到手电筒内部结构的布局。

一般情况下，选型结束后应该对零部件位置进行布局，根据要实现的功能特点，在给定的外形框架内进行布局，总的布局原则是空间足够、方便线路布置、方便拆卸、结构简单。

布局的方法通常利用 AutoCAD 绘图软件进行初步布局，将充电插头布置在手电筒的底部，然后布置电池、PCB 板、灯珠及反光杯等零部件。布置位置时需要预留骨位空间，同时需要将螺钉柱等结构的位置布置出来，如有矛盾则进行修改。用 AutoCAD 软件进行零部件二维布局如图 2-45 所示。

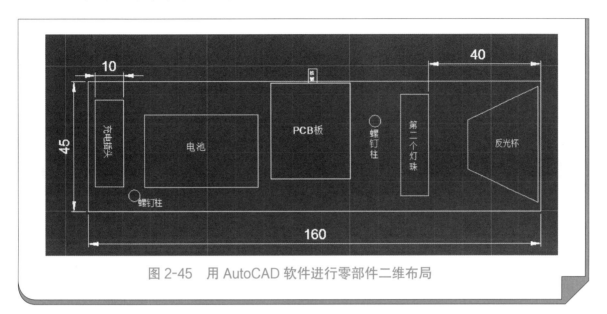

图 2-45　用 AutoCAD 软件进行零部件二维布局

手电筒三维布局如图 2-46 所示。

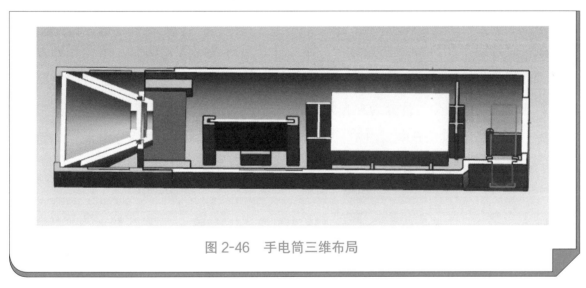

图 2-46　手电筒三维布局

二、产品拆分

产品结构包括外观结构与内部结构，外观结构特征主要有上壳、下壳和按键等；内部结构特征根据具体实现功能，包括电池、灯珠、PCB 板、反光杯、透镜等与壳体之间的结构关系。

一般情况下，产品拆分是对外观结构进行拆分，即把上壳、下壳、按键及头尾部分拆分出来，并且拆分时要充分考虑装配顺序。

手电筒的结构拆分与布局

利用三维软件进行产品外观拆分时，应采用自顶而下设计方法。自顶而下设计方法是先规划整个产品结构，再往下做细节设计，先有组件，然后有下级子件，呈现明显的结构树，这样更能体现设计者的设计意图。而传统的自下而上设计方法是先设计一个个零件，然后组装成产品，这种设计方法将造型设计与结构设计脱节，导致父子关系错综复杂。

(1) 产品拆件方法　可以根据产品表面工艺或配色要求拆出不同的部件，也可以按照装配顺序（如零件组装成部件→部件与组件的连接）拆出部件。产品组装设计优化：减少零件装配数量→减少紧固件数量及类型→零件标准化→模块化部件／组件→设定一个稳定的基座→减少零件装配方向→先定位后固定→防止零件欠约束和过约束。

(2) 拆件的要求　拆件顺序为前壳组件→后壳组件→按键组件等；子组件拆件顺序是从外到里，先大件后小件。另外，两零件的间隙按照"留大件、偏小件"的规则，即拆大件的时候不用留间隙，拆与其配合的小件再留出间隙。

(3) 手电筒拆件步骤　打开"手电筒"外形模型文件，在"装配导航器"中右键单击"手电筒"，在弹出的对话框中，选择"WAVE"下的"新建级别"，如图 2-47 所示；然后单击"指定部件名"，在源文件"手电筒"保存目录下新建"上部分"模型文件，在"类选择"中选择"手电筒"实体文件、坐标系及拆分曲面，按照相同方法，新建"下部分"模型文件，如图 2-48 和图 2-49 所示。再按上述方法分别对"上部分"与"下部分"进行拆分，拆分为左壳和右壳，如图 2-50 所示。接着对按键、充电插头进行拆分，因为电池是充电蓄电池，不需要经常拆卸，故不需要拆分电池盖。至此，完成了对手电筒外形的拆分。

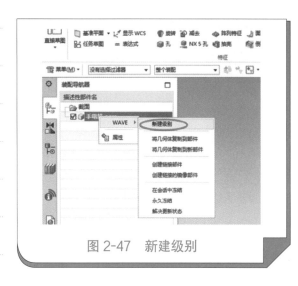

图 2-47　新建级别

图 2-48　选择"手电筒"

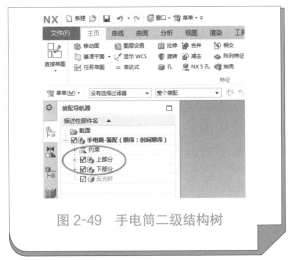

图 2-49 手电筒二级结构树

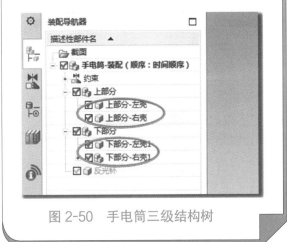

图 2-50 手电筒三级结构树

手电筒零部件
连接与固定

三、零部件连接与固定

1. 常见手电筒内部结构

如图 2-51 所示，常见手电筒内部结构有加强筋、螺钉柱、限位板、导向柱、止口等。手电筒通过螺钉柱、止口等连接手电筒左壳与右壳；加强筋、限位板用于连接与固定电池、反光杯和灯罩。

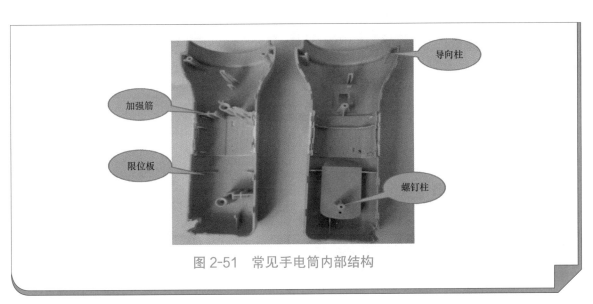

图 2-51 常见手电筒内部结构

2. 连接结构

结构关系原则：零部件之间连接、固定可靠，6 自由度需要完全约束，见表 2-1。

一般情况下，左壳与右壳主要是连接与固定关系，包括止口设计，螺钉柱设计、卡扣设计和反止口设计。本设计中手电筒的左壳和右壳采用止口与螺钉的结构进行连接与固定。因为壁厚为 2mm，设计公止口宽度与高度均为 0.8mm，同时用螺栓、螺母进行固定，如图 2-52 所示。

表 2-1 连接结构

机械连接	铆接、螺栓连接、键/销连接、弹性卡扣连接等	静连接	不可拆固定连接：焊接、铆接、粘接等
焊接	利用电能的焊接（电弧焊、埋弧焊、气体保护焊、点焊、激光焊） 利用化学能的焊接（气焊、原子氢焊、铸焊等） 利用机械能的焊接（锻焊、冷压焊、爆炸焊、摩擦焊等）	静连接	可拆固定连接：螺栓连接、销连接、弹性形变连接、锁扣连接、插接等
焊接		动连接	柔性连接：弹簧连接、软轴连接
焊接		动连接	移动连接：滑动连接、滚动连接
粘接	粘合剂粘接、溶剂粘接	动连接	转动连接

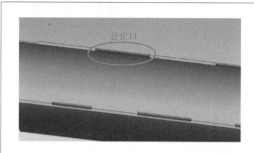
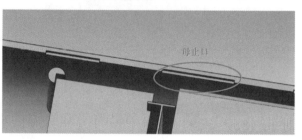

图 2-52 手电筒的左壳与右壳通过止口连接

蓄电池在使用过程中不能晃动，以免手电筒掉电，因此采用前后上下限位柱的方式进行固定，设计时预留技术间隙，如图 2-53 所示。充电插头充电时需要滑动插头，是受力结构，所以采用卡槽结构，将充电插头整体卡在卡槽内，并在后端增加加强筋实现固定，如图 2-54 所示。

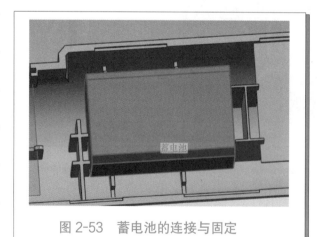

图 2-53 蓄电池的连接与固定

图 2-54 充电插头的连接与固定

壳体与 PCB 板的结构关系主要是固定与限位，其中包括 PCB 周围限位和 Z 向限位。PCB 板周围采用卡槽进行固定与限位，Z 向通过左、右壳骨位进行限位，如

图 2-55 所示。反光杯与壳体的结构关系采用卡槽进行限位，如图 2-56 所示。

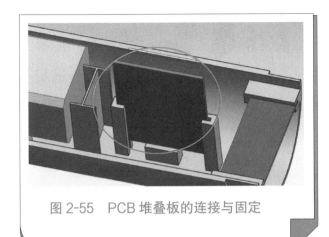

图 2-55　PCB 堆叠板的连接与固定

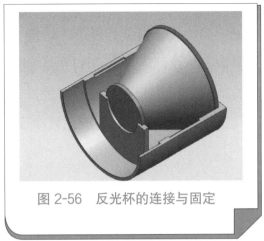

图 2-56　反光杯的连接与固定

在实际结构设计中，涉及结构连接与固定的内容，需要遵从装配的先后顺序、尽量少的装配方向及方便拆卸的原则进行设计。

 任务小结

学生通过手电筒结构设计任务的学习，可以掌握外形重构的流程与方法、产品二维与三维零部件的布局方法以及拆分原则与方法、产品各零部件间的连接与固定方法等知识，能够从事产品结构设计的相关工作。

任务四　手电筒的 3D 打印前处理

 学习目标及技能要求

学习目标：掌握 FDM 成型工艺前处理的内容，能够选择合适的摆放位置；能使用前处理软件进行模型前处理工作。

学习重点：FDM 成型工艺前处理工作的内容。

学习难点：使用前处理软件处理模型的方法。

3D 打印前处理的内容包括三维建模、网格修复、位置摆放及切片处理，每一项内容都比较重要。

一、三维建模

CAD 数字建模是 FDM 成型工艺前处理的第一步，是利用三维软件在虚拟三维空

手电筒的 3D
打印前处理

间中构建出三维数据模型。获取三维模型的方法有两种：一是使用建模工具生成的正向设计技术；二是通过曲面重构生成的逆向设计技术。正向设计技术是指将人们想象中的物体，根据其外形、结构、色彩、质感等特点，利用计算机辅助软件制作并模拟实物设计的过程；而逆向建模的流程为实物样品→CAD 模型→产品。前期完成的结构拆分工作即为三维建模。

三维建模完成后，将模型转换成切片软件可以识别的 STL 格式文件。

二、网格修复

将 STL 文件导入切片软件，如图 2-57 所示，这里使用的是 Cura15.04.6 软件。通过建模导出的 STL 模型是由三角面片组成的，会产生一些错误的面，如重叠面、交叉面等，需要通过修复来提高打印成功率和改善打印效果。所以接着对导入的 STL 格式文件进行检验与修复，目的是保证模型无裂缝、孔洞、悬面、重叠面和交叉面，如图 2-58 所示。

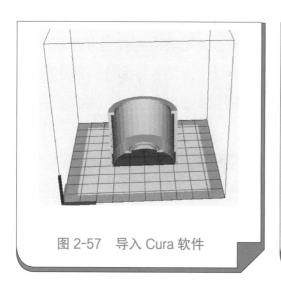

图 2-57　导入 Cura 软件

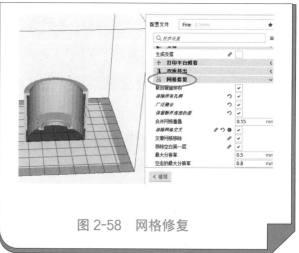

图 2-58　网格修复

三、位置摆放

确定摆放位置，主要是从表面质量、零件强度、支撑材料和成型时间四个方面进行分析。表面质量方面：上表面好于下表面，水平面好于垂直面，垂直面好于斜面；零件强度方面：水平方向强于垂直方向；支撑材料方面：减小支撑面积，降低支撑高度；成型时间方面：高度越高，时间越长。

根据上述原则，合理确定各零部件的位置。以上部分 - 右壳为例，最好的方案为方案 1，如图 2-59 所示。

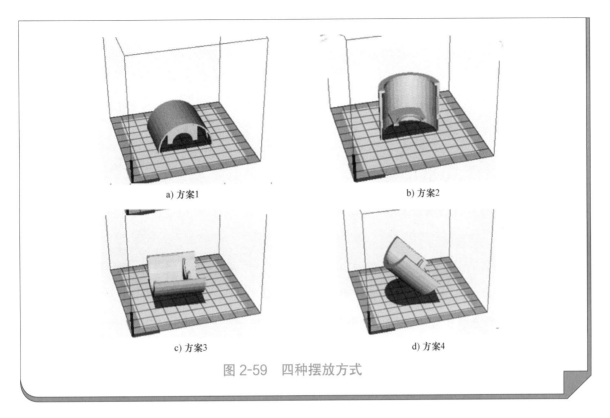

a) 方案1　　　　　　　　　　　　b) 方案2

c) 方案3　　　　　　　　　　　　d) 方案4

图 2-59　四种摆放方式

四、切片处理

1）切片处理就是把 3D 模型切成一片一片的形式，设计好打印参数（如填充密度、角度、外壳等参数），如图 2-60 所示，生成支撑。上述参数完全设定好后，右下角会显示打印速度及质量等数据，如图 2-61 所示。

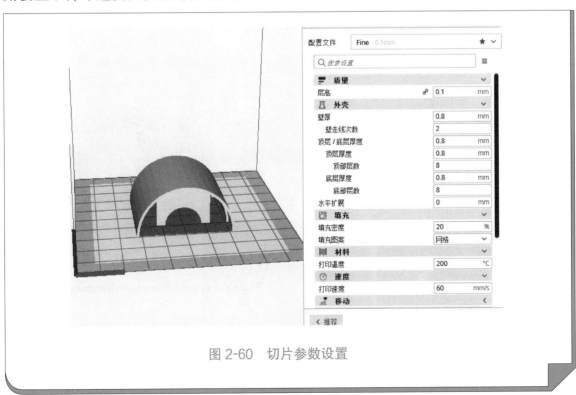

图 2-60　切片参数设置

2）参数设置完成后会生成模型的切片路径，如图 2-61 所示。例如，第 9 层、第 48 层、第 101 层及第 157 层的路径分别如图 2-62～图 2-65 所示。

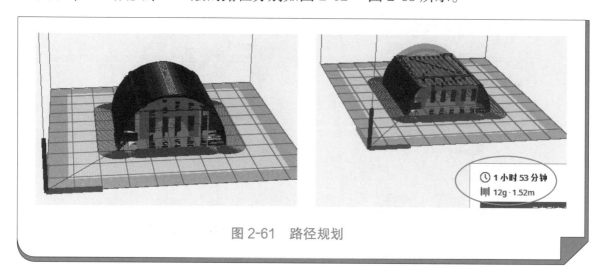

图 2-61　路径规划

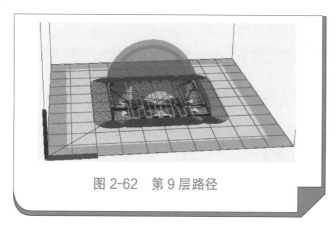

图 2-62　第 9 层路径

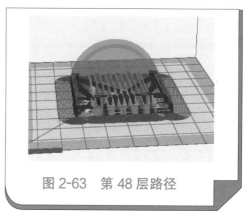

图 2-63　第 48 层路径

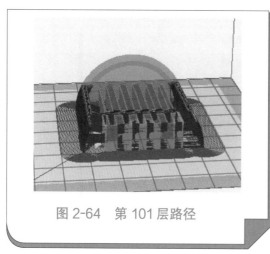

图 2-64　第 101 层路径

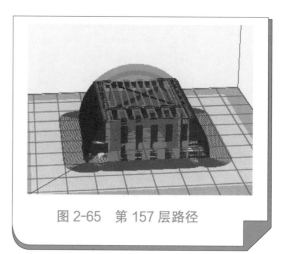

图 2-65　第 157 层路径

3）完成切片后，保存成 GCode 格式文件，如图 2-66 所示。

GCode 命令通常用一个英文字母（A～Z）+ 数字的形式表示，在 3D 打印机的控制程序中，常用的字母参数包括 G（控制运动和位置）、T（控制工具）、M（辅助

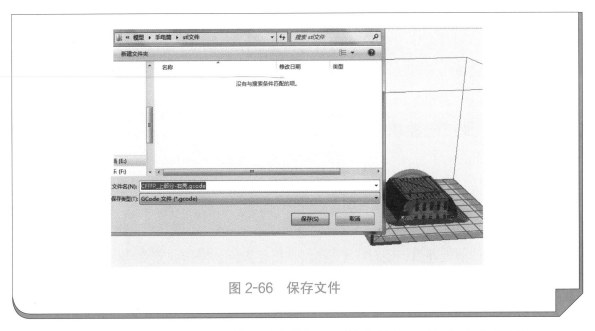

图 2-66 保存文件

命令)、X（X 轴上的变化）、Y（Y 轴上的变化）、E（挤出量）、F（打印头的速度）。

例如：

M109 S210 ；

G21 ；

G90 ；

M82 ；

G92 E0

G1 E-2.00000 F4800.00000

G92 E0

G1 Z0.300 F3000.000

G1 X15.492 Y55.274 F3000.000

G1 E1.99000 F4800.00000

G1 X1.173 Y59.721 E3.02909 F1000.000

G1 X0.250 Y59.861 E3.09377

G1 X-0.250 Y59.861 E3.12842

G1 X-1.173 Y59.721 E3.19311

G1 X-15.471 Y55.281 E4.23064

 任务小结

　　学生通过 FDM 成型工艺前处理任务的学习，收集 FDM 的切片软件资料，熟知每一个参数的含义，具备合理设置打印参数的能力；收集 GCode 文件相关资料，熟知 GCode 文件的格式，及常用 G、M 代码的含义；掌握前处理的工作内容、每项内容的操作方法，为后续的 3D 打印操作奠定基础。

任务五　手电筒的 3D 打印成型

学习目标及技能要求

手电筒的 3D
打印成型

学习目标：掌握 FDM 3D 打印机的使用方法。

学习重点：FDM 3D 打印机的设置与操作。

学习难点：FDM 3D 打印机的设置与操作。

完成 3D 打印前处理后，要对模型进行 3D 打印操作，操作前需要选择 3D 打印机，本项目选择的是三维博特 N750 3D 打印机，其性能参数见表 2-2，产品外形如图 2-67 所示。

表 2-2　N750 3D 打印机的性能参数

产品类型	笛卡儿斜角坐标打印机
成型尺寸 /mm	$\phi240 \times 280$
分层速度 /（mm/s）	0.05 ～ 0.4
打印速度 /（mm/s）	10 ～ 200
喷嘴直径 /mm	0.2、0.3、0.4
输入电压 /V（频率 /Hz）	100 ～ 240（50 ～ 60）
输出电压 /V（电流 /A）	24（15）
控制面板	35in 彩色液晶触摸屏
热床调平	自动调平、自动校准

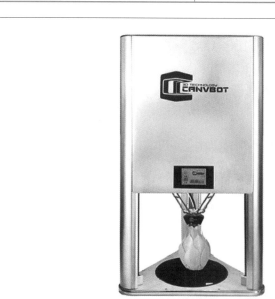

图 2-67　N750 3D 打印机

1. 调平

3D 打印机操作的第一步是调平，具体步骤如下：

1）开机，单击主页面中的"工具"按键，选择手动模式，如图 2-68 所示。

2）单击中间按键，进行回零操作，如图 2-69 所示。

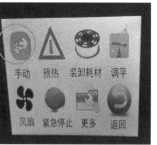

a) 单击"工具"按键　　　　　b) 单击"手动"按键

图 2-68　选择手动模式

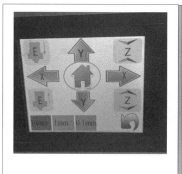

图 2-69　回零操作

3）使 Z 轴下降至与打印平台相距一张 A4 纸的厚度。在此过程中选择合适的步进值，开始时选择 10mm；当打印头距离打印平台较近时，改为 1mm；此时将一张 A4 纸放置在打印平台上，打印头接近 A4 纸时选择 0.1mm，如图 2-70 和图 2-71 所示。

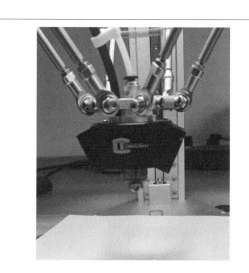

图 2-70　Z 轴下降

图 2-71　使用 A4 纸判断是否调平

4）返回主页面，单击"系统"→"Delta"→"设 Z 轴为零"，待机器发出"滴滴"声后调平完成，如图 2-72 所示。

a) 返回主页面　　　　　b) 单击"Delta"按键

图 2-72　调平完成

2. 装材料

1）单击主页面中的"工具"→"预热"按键，调整温度，待温度达到 190～210℃时单击返回按键，如图 2-73 所示。

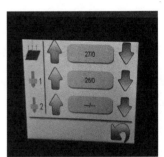

a) 单击"工具"按键　　　　b) 单击"预热"按键　　　　c) 温度显示

图 2-73　调整温度

2）单击"装卸耗材"按键，把材料剪出一个斜口以便进料，并把材料前端掰直，如图 2-74 所示。

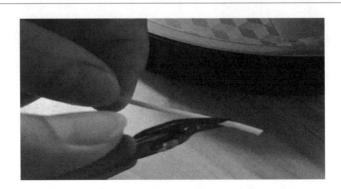

图 2-74　给材料剪出斜口

3）把材料插进导料管，无法继续插入时单击屏幕上的"进料"按键，直到打印头出丝后单击"Stop"（停止）按键，如图 2-75 所示。

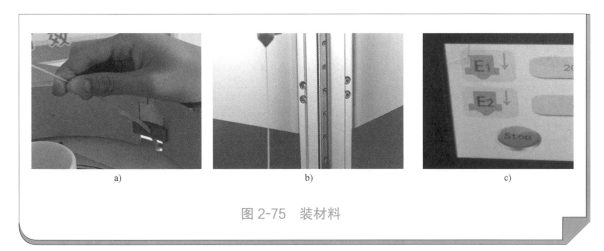

图 2-75　装材料

3. 打印

1）将 SD 卡插入打印机上方的 SD 卡槽内，单击"打印"按键，如图 2-76 所示。

2）选择需要打印的模型名称，如图 2-77 所示。

3）实时观察打印状态，包括打印机加热头设定温度及实际温度、热床设定温度及实际温度、打印速度、打印进度条、已使用打印时间、剩余打印时间等，如图 2-78 所示。

图 2-76　单击"打印"按键

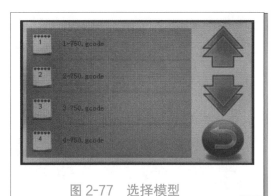

图 2-77　选择模型

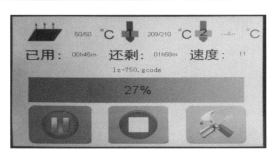

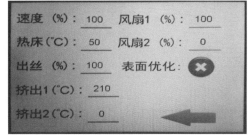

图 2-78　实时观察打印状态

任务小结

学生通过对 FDM 3D 打印机操作的学习，掌握 3D 打印机的操作，如调平、装载材料等；收集 FDM 设备操作的相关资料，掌握数据传输方式、材料装载等操作；收集 FDM 设备操作中可能出现的问题，掌握其解决方法。

任务六　手电筒的 3D 打印后处理

 学习目标及技能要求

手电筒的 3D
打印后处理

学习目标：掌握 FDM 成型工艺后处理的工作内容及具体操作。

学习重点：FDM 成型工艺后处理的内容。

学习难点：FDM 成型工艺的抛光操作。

由于打印材料和打印精度要求的不同，一般需要对 3D 打印机打印出来的作品进行简单的后处理，如去除打印物体的支撑。如果打印精度不够，就会有很多毛边，或者出现一些多余的棱角，影响打印作品的效果，因此需要通过一系列的后处理来完善作品。

对于常见的 FDM 3D 打印机，一般需要以下几个步骤完成后处理：

1）用铲子把制件从底板上取下，如图 2-79 所示。

2）用电缆剪刀去除支撑，如图 2-80 所示。

图 2-79　取下制件

图 2-80　去除支撑

3）细部修正。当打印精度不高时，打印出来的制件在细节上可能与期望的产品效果有所偏差，需要使用工具进行一定的修正，一般使用 3D 打印专用笔刀进行毛刺和毛边的修正。

4）抛光。FDM 3D 打印机打印出来的制件一般都不够光滑，需要采用物理或化学手段进行抛光处理。其目的是去除制件毛坯上的各种毛边、加工纹路。目前常用的抛光方法有机械抛光、研磨抛光与化学抛光。常用工具有砂纸、纱绸布、打磨膏，也可使用抛光机配合帆布轮、羊绒轮等设备进行抛光。通常需要抛光的情况有需要电镀的表面、透明件的表面、要求具有镜面或光泽效果的表面等。

需要注意的是，一定要蘸水进行打磨，以防止材料过热起毛。一般大的支撑残留凸起部分使用锉刀去除；对于小的颗粒和纹路，则使用砂纸从低目数往高目数打磨。砂纸打磨是一种廉价且有效的方法，用 FDM 技术打印出来的物体上往往有一圈圈的纹路，用砂纸打磨消除如同电视机遥控器大小的纹路只需 15min，如图 2-81 所示。

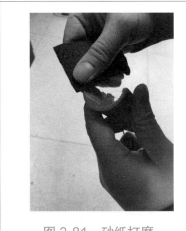

图 2-81　砂纸打磨

5）上色。用单色打印机打印出的物体，可以通过上色来改变其颜色，或让其颜色更多样化。

常见的上色方式有喷涂、刷涂和笔绘。喷涂和刷涂操作简单，除了常见的喷漆，也有手板模型专用的龟泵和喷笔，龟泵适合上底漆，喷笔则适用于小型模型或模型精细部分的上色，如图 2-82 所示。笔绘更适合处理复杂的细节，所用颜料有油性和水性之分，应注意选择对应的模型漆稀释剂。上色时可以采用十字交叉法，即在第一层快干却没干时，上第二层新鲜颜料，第二层的笔刷方向与第一层垂直。除了要掌握上色技法，优质的颜料也非常关键，它可以让模型更生动、历久弥新。笔绘用颜料和工具如图 2-83 所示。

a）喷涂操作

b）喷漆产品

图 2-82　喷涂操作和喷漆产品

| a) 丙烯颜料 | b) 上色笔和勾线笔 | c) 补漆笔 |

图 2-83　笔绘用颜料和工具

 任务小结

　　学生通过对 FDM 工艺后处理的学习，收集 FDM 成型工艺后处理相关资料，了解 FDM 工艺后处理流程；不同 FDM 制件的后处理资料，了解各制件的后处理内容及注意事项。掌握 FDM 工艺后处理工作标准，完成 FDM 3D 打印后处理工作，为以后从事 3D 打印工作奠定基础。

 项目评价（表 2-3）

表 2-3　手电筒的创新与 3D 打印项目评价

测试点	配分	评分标准	评分方案	得分	小计
一、设计创意	20	整体协调	设计主题突出，造型、色彩、尺寸、比例协调，符合设计目标要求：18～20 分（优）		
			设计主题明显，造型、色彩、尺寸、比例等较切合设计目标要求：15～17 分（良）		
			设计主题基本明确，造型、色彩、尺寸、比例等与设计目标基本搭配：10～14 分（中）		
			设计主题未体现或不明确，造型、色彩、尺寸、比例混乱：9 分及以下（差）		
	20	功能合理	功能安排、尺寸设置合理，使用功能明确并符合设计要求：18～20 分（优）		
			功能安排、尺寸设置合理，使用功能较合理：15～17 分（良）		

（续）

测试点	配分	评分标准	评分方案	得分	小计
一、设计创意	20	功能合理	功能安排、尺寸设置基本合理，使用功能基本合理：10～14分（中）		
			功能安排、尺寸设置不合理，使用功能不合理：9分及以下（差）		
二、造型及空间关系	20	造型准确、空间透视关系准确	产品空间关系明确，造型准确、生动，形体的透视关系准确：18～20分（优）		
			产品空间关系明确，造型准确，形体的透视关系大体正确：15～17分（良）		
			产品空间关系明确，造型基本准确，形体的透视关系无明显的错误：10～14分（中）		
			产品空间关系明确，造型不准确，形体的透视关系不准确或有明显的错误：9分及以下（差）		
	10	比例运用合理	比例运用合理：8～10分（优）		
			比例运用较合理：6～7分（良）		
			比例运用基本合理：2～5分（中）		
			比例运用不合理：2分及以下（差）		
三、渲染及材质表现充分（材料选用合理）	10	质感表现充分，纹理表现自然	质感表现充分，色彩及纹理表现自然：9～10分（优）		
			质感、色彩及纹理表现良好：7～8分（良）		
			质感、色彩及纹理表现一般：5～6分（中）		
			无法表现材质质感与纹理，或表现差：4分及以下（差）		
	10	光感表现合理，投影关系正确	光感表现生动自然，投影处理自然，与物体关系正确：9～10分（优）		
			光感表现良好，投影处理较为得当，与物体关系正确：7～8分（良）		
			光感表现基本合理，投影关系基本正确：5～6分（中）		
			光感表现不合理，投影关系不正确：4分及以下（差）		
四、职业素养	10	工作准备充分，工作程序得当	能够有效维护工位整洁（3分）；工具及资料、作品按照要求摆放处理（2分）；服从相关工作人员安排（3分）；遵守操作规范与纪律（2分）		
合计			100		

项目三　便携风扇的创新与 3D 打印

 教学目标

知识目标

1. 了解产品改良设计的概念。

2. 掌握产品调研的方法。

3. 掌握概念、方案设计方法。

4. 掌握手绘创意表达方法。

5. 掌握犀牛软件的建模方法。

6. 掌握光源及电池的选型方法。

7. 掌握 3D 打印切片软件的使用方法。

8. 掌握 3D 打印机的使用方法。

9. 掌握 3D 打印后处理的方法。

能力目标

1. 能够进行产品改良方案设计。

2. 能够根据改良方案进行手绘。

3. 能够根据手绘图进行三维建模。

4. 能够根据要求及空间大小合理选择电气零部件。

5. 能够根据要求对便携风扇进行结构设计。

6. 能够熟练操作光固化成型 SLA 切片软件。

7. 能够熟练操作桌面光固化成型 SLA 3D 打印机。

8. 能够根据要求对打印的便携风扇进行后处理。

职业素质目标

1. 能够在改良方案设计阶段提出创新思路。

2.能够和团队成员协商,共同完成便携风扇的制作。

3.能够在产品设计阶段使用 CAD 软件。

4.能够运用网络、公众号等平台获得便携风扇的相关知识。

5.能够选择合适的成型工艺进行 3D 打印。

职业素养目标

1.具有主动学习的意识。

2.有设备操作安全意识。

3.具有团队协作精神。

4.具有不畏困难的精神。

任务一　便携风扇的工业设计

 学习目标及技能要求

学习目标:掌握对现有便携风扇进行调研的方法;掌握对便携风扇消费者调查的目的及内容;了解不同消费者调查方式的优缺点;掌握便携风扇的机会分析流程;了解产品的设计定位及方法;掌握思维导图的绘制流程及方法;了解设计构想的概念;了解不同的草图类型及其所代表的设计阶段;掌握用犀牛软件构建便携风扇模型的方法;掌握 KeyShot 渲染的注意要点。

学习重点:对现有便携风扇的调研方法;不同消费者调查方式的优缺点;产品的设计定位及方法。

学习难点:设计定位及方法;思维导图的绘制流程及方法;设计构想。

便携风扇产品
因素调研

一、便携风扇产品因素调研

1.课程导入

近年来,工业设计专业逐渐兴起,人们对于日常生活用品的要求也越来越高,仅有单一功能的产品已经不能满足消费者的需求,多功能产品的出现开辟了新产品的设计方向,这也要求设计师在设计产品时更加具有创新性。

目前市场上的便携风扇琳琅满目,外观上追求个性化,功能上则追求多样化。本项目通过调研,找出现有便携风扇存在的问题,并且结合技术要求和成本控制,实现功能、造型方面的改进,从而设计出一款功能多样、造型美观的便携风扇,在夏天为人们带去清凉。

2. 现有产品调研

（1）便携风扇结构的调研分析　如图 3-1 所示，现有便携风扇的结构主要有以下四种：折叠式结构具有产品体积小、方便收纳的特点，同时还可将折叠部分赋予新功能，例如，展开的盖子可以成为抓握的部分，或是立于平面上的支架；旋转式结构同样便于收纳，同时可以调整风扇头的方向；夹扣式结构使产品的摆放不再局限于水平面，但夹子会随着使用而变得松动；挂戴式便携风扇则解放了双手，使得产品不再局限于手握的形式。

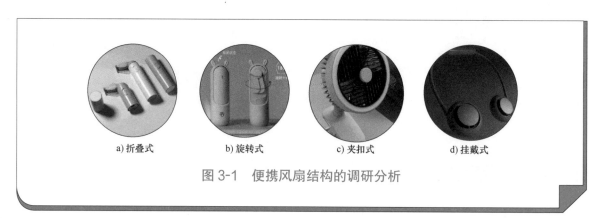

a) 折叠式　　　　b) 旋转式　　　　c) 夹扣式　　　　d) 挂戴式

图 3-1　便携风扇结构的调研分析

（2）便携风扇形态的调研分析　市面上的便携风扇主要有以下几种造型，如图 3-2 所示。其中，几何形作为基本造型，容易被大众所接受，合理地对几何形形态进行规划，能够得到简约大方的外观效果。组合几何体形态打破了生硬的个体几何形态，使

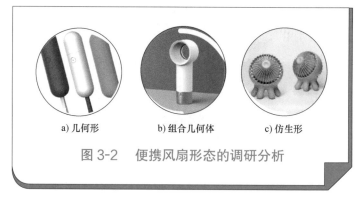

a) 几何形　　　b) 组合几何体　　　c) 仿生形

图 3-2　便携风扇形态的调研分析

得方圆之间相互结合。仿生形主要是仿动物的形态，以增加造型的趣味性，满足人们的情感需求。

（3）便携风扇附加功能的调研分析　如图 3-3 所示，手电筒功能，能够在特殊场景下提供照明，如走夜路、半夜起床使用等；多档调节功能，通常风扇都具备多档风力调节功能；充电宝功能，外出时能够为手机充电，及时续航；加湿器功能，能够增加空气的湿度，降低温度。

（4）便携风扇材质质感的调研分析　如图 3-4 所示，磨砂的材质具有良好的触摸感，能给人们带来亲切感；而光滑的表面能够带来一种光洁感，可以更好地凸显产品的曲面造型。

a) 手电筒功能　　b) 多档调节功能　　c) 充电宝功能　　d) 加湿器功能

图 3-3　便携风扇附加功能的调研分析

（5）便携风扇颜色的调研分析　如图 3-5 所示，多样的颜色使得消费者有了更多的选择，也赋予了产品更多的心理体验，浅色给人一种清爽的感觉，深色则给人一种沉稳的感觉。

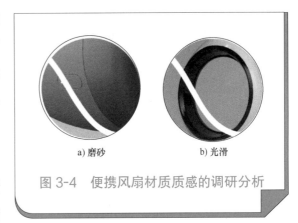

a) 磨砂　　　　b) 光滑

图 3-4　便携风扇材质质感的调研分析

3. 便携风扇的调研分析

通过对市场中便携风扇同类产品资料的收集和研究，了解到该产品的基本情况，从而为即将开始的设计活动确定基准，并将这个基准作为指导本产品设计的重要依据，其主要包含以下三个方面，如图 3-6 所示。

在形态方面，市面上的风扇主要以几何形和仿生形为主，视觉力学造型较少。随着人们个性化需求的提高，造型也会呈现多样性，功能优化和个性化的外观会逐渐成为便携风扇新的卖点。

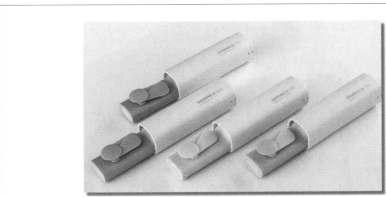

深色系

浅色系

图 3-5　便携风扇颜色的调研分析

在功能方面，便携风扇以往以单一的风扇功能为主，但随着科技的发展，现在有很多风扇附加了新的功能，如充电宝、手电筒、加湿器等，其设计越来越贴心，越来越人性化，并且便携风扇也会依据不同的使用场景附加相应的功能。

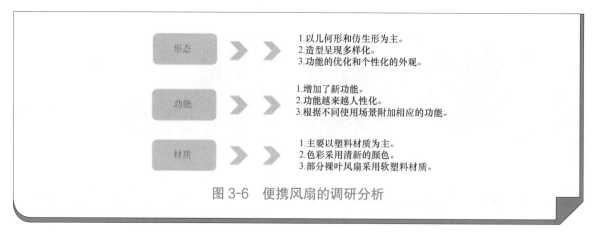

图 3-6　便携风扇的调研分析

在材质方面，便携风扇主要以塑料为主，一般采用光滑的材质，色彩上，采用清新的颜色会给使用者带来清凉的体验，部分便携风扇叶片采用的是软塑料，以确保产品的安全性。

便携风扇产品的消费者调查

二、便携风扇产品的消费者调查

消费者的调查方式主要有观察法、询问法以及问卷调查法等，在工业设计中，可以同时采用几种调查方式来开展调查，进行相互补充，弥补各自的缺陷。本案例采用观察法进行调研。

（1）消费者定位　该产品的消费定位人群为年轻人。

（2）观察法的目的　发现一个产品的用户人群及其需求、价值观念、生活方式、习惯等方面的特征，挖掘和获取用户的行动心理和操作使用信息，为该产品的设计提供有用的信息。

（3）观察法分类　观察法可以分为三种，分别是非参与式观察、参与式观察以及眼动追踪。本案例采用的是参与式观察法。

（4）调研步骤

1）便携风扇充电方式的观察调研。如图 3-7 所示，先拿出插座和充电器，为风扇充电做准备，然后将插头插入插座，充电完毕取下，将风扇与充电线断开，为后续使用做准备。

2）便携风扇使用状态分析。如图 3-8 所示，第一，开关和充电口都在风扇背面，开关过于扁平，需要用力才能按动，连续按动可以进行风扇的换档操作；第二，风扇的功能过于单一，只有吹风功能；第三，抓握把手时间长了手指会感到不适；第四，在风扇旋转角度方面，便携电风扇只能小幅角度地上下摆动，不够灵活，希望调整为能够旋转 360°。

3）便携风扇摆放分析。如图 3-9 所示，大的风扇头、圆锥形的机体能够在光滑的平面上立稳；底部有一层硅胶垫，能贴合在光滑的平面上让风扇立稳，缺点是在

a) 准备充电　　　　　　　b) 插入插头　　　　　　　c) 充电完毕后　　　　　　d) 拔充电头

图 3-7　便携风扇充电方式的观察调研

a) 开关和充电口位于背面　　　b) 只有吹风功能　　　　c) 抓握不合理　　　　d) 调整角度困难

图 3-8　便携风扇使用状态分析

a) 摆放平稳　　　　　　　b) 底部有硅胶垫　　　　　　c) 不可折叠

图 3-9　便携风扇摆放分析

不平滑的地方难以立稳，此处需要改良。将风扇放置在桌面上，由于风扇的面积偏大，且不可折叠，将会占用一定的桌面空间，希望后续的改良设计能够缩小其体积，

67

并开发新的收纳方式以及使用方式。同时，该风扇在使用时是摆放在桌面上，导致桌面空间比较凌乱，而外出使用时需单独携带，容易被遗忘落下。

便携风扇产品
机会分析

三、便携风扇产品机会分析和设计定位

1. 便携风扇产品机会分析

采用问卷调查法、访谈法和观察法对便携风扇消费者进行调研分析，并结合产品调研结果，得到便携风扇产品的机会缺口。

第一，现有产品的收纳方式有待改善，可以通过改良造型来达到方便携带和收纳的目的；第二，开关大小需要调整，以方便用户操作；第三，在产品造型上不仅要考虑功能，还要考虑用户的使用体验，应改良抓握部分的形态；第四，应注意产品功能的延伸，如增加自拍杆、加湿器、照明、充电宝等功能；第五，改进产品的交互体验，采用简单易懂的使用方式，提升用户使用时的便利性。

2. 设计定位

在使用人群定位上，15～25岁的学生为主要的消费群体；在使用环境定位上，主要是夏季户外休闲以及室内使用。通过丰富产品的色彩搭配，增加产品的功能，以及优化产品的质量来进行便携风扇的设计。

3. 概念、方案构思

便携风扇设计定位思维导图如图 3-10 所示。首先，对于降温功能，可以通过物理方式，如气流、水雾和冰来达到降温的目的；其次，从产品的造型和色彩心理体验出发，改良其外观及颜色。

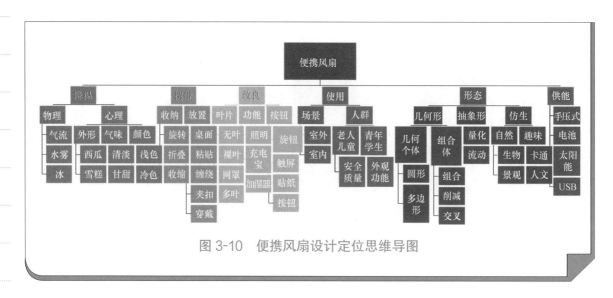

图 3-10　便携风扇设计定位思维导图

在携带方面，为了便于收纳，可以将便携风扇设计为可旋转、可折叠或者可收缩的结构；在放置方面，可以放置在桌面上，也可以采用粘贴、缠绕、夹扣、穿戴

等方式。

　　在造型及功能改良方面，针对叶片，可以采用无叶式、网罩式、多叶式等；在功能上，可以增加照明、充电宝、加湿器等功能；在按钮的选择上，可以采用触屏式、旋钮式、按钮式等。

　　便携风扇的使用人群主要有老人、儿童和青年学生，老人和儿童注重的是安全与质量，青年学生则注重外观和功能，本款便携风扇的主要销售人群是青年学生；便携风扇的使用场景主要有室内和室外，本款风扇的主要使用环境为室外。

　　在形态方面，产品造型主要有几何形、抽象形和仿生形，几何形可以是几何个体，也可以是几何组合体。在仿生造型中，既可以模仿自然中的生物或景观，也可以模仿有趣的卡通人物或动物等。

　　在供能方面，可以采用手压式、电池或太阳能等。

便携风扇的
手绘创意表达

四、便携风扇的手绘创意表达

　　对于便携风扇的手绘创意表达，应该将前期分析研究的结论作为构想方案的参考或依据，但不应受其禁锢和拘束，从调研的需求和功能入手，有助于开拓思路，使设计构思不受现有产品的形式和使用功能的束缚。

　　1. 设计构想的概念

　　什么是设计构想？怎样对设计构想进行表达？下面将以便携风扇为例进行讲解。

　　如图 3-11 所示，构想是将概念视觉化的第一步，将众多因素归纳综合演绎，并快速有效地表达为具体的草案，要求设计师具有创造性的运用形式、法则以及综合协调与解决设计系统内诸多因素和问题的能力。在此阶段，设计师将通过手绘草图来记录和表现产品各个问题的解决草案。

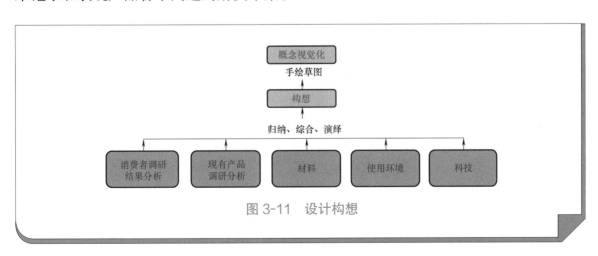

图 3-11　设计构想

　　2. 草图的类型

　　（1）头脑风暴草图　设计构想的表达离不开草图，在工业设计领域，不同种类的草图代表设计过程的不同阶段。图 3-12 所示为头脑风暴草图，其特点是丰富多样性，细节很少，色彩极少或者根本没有色彩，十分潦草，具有联想性和直观性。

图 3-12　头脑风暴草图

（2）概念草图　如图 3-13 所示，与头脑风暴草图相比，概念草图通常会运用更多的色彩、更少的样式及确定的产品方向，用于探索和解决实际问题，如分析使用方式、生产要求或材料选择等，因为其他方面的问题可能已经确定了。

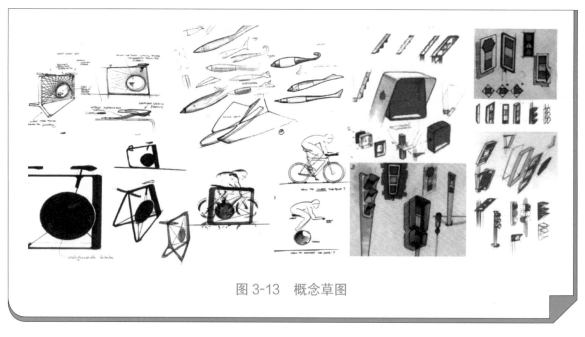

图 3-13　概念草图

（3）展示草图　展示草图同样也被用于展示设计方案，但与前两种草图相比，它采用更详细或现实的方式来表达造型和感觉，草图中会添加更多的细节和色彩，甚至产品的语境展示草图，通常用来说服或吸引设计领域以外的观看者。图 3-14 所示为奥迪汽车和麻醉台的展示草图，其代表了产品的最终展示效果。

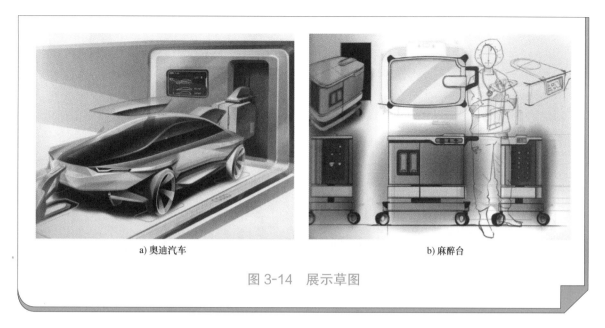

a) 奥迪汽车　　　　　　　　　b) 麻醉台

图 3-14　展示草图

3. 便携风扇案例讲解

（1）便携风扇的头脑风暴草图　如图 3-15 所示，头脑风暴草图中有各种各样的便携风扇，其有很少的细节，没有颜色，但是从这些草图中可以看到不同方案大致的外观造型设计。

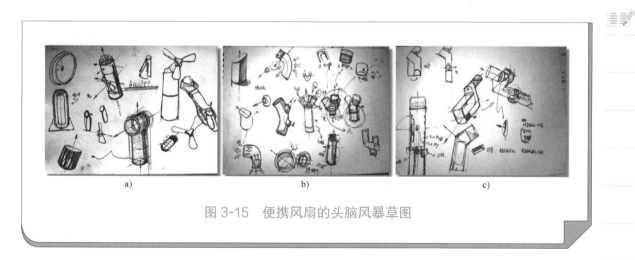

a)　　　　　　　　b)　　　　　　　　c)

图 3-15　便携风扇的头脑风暴草图

（2）便携风扇方案的概念草图　在便携风扇的头脑风暴草图中，选择三种作为概念草图中的方案，并对其进行进一步的完善。图 3-16 所示的方案 1 造型简约，在风力降温的基础上增加了喷雾功能，能更快地降低温度，并加大空气的湿度。同时，在该风扇的后部增加了照明灯，使得该产品能够在夜间使用。

方案 2 的设计颇具个性，如图 3-17 所示，其外观采用分离的供电方式，可以拆分为上下两个部分，下方为充电宝，上方为功能区；功能区又可以分为三个柱子，分别代表出风口、喷雾口以及控制按钮。

方案 3 采用的是圆柱体与球体相结合的造型，如图 3-18 所示，除了具有风扇的功能以外，在其上半部分还附加了加湿器功能，下半部分则附加了充电宝功能。

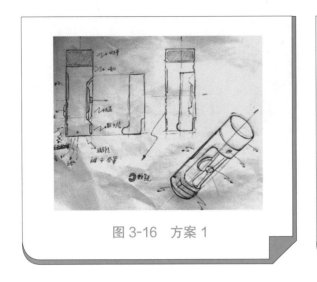

图 3-16　方案 1

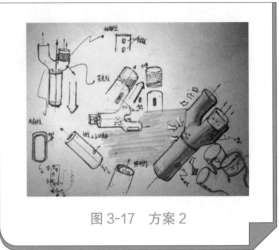

图 3-17　方案 2

（3）便携风扇方案的选定及优化　最终选定方案 1 作为最终方案，如图 3-19 所示，主要原因是能更好地与下游进行方案对接，具有生产的可行性。

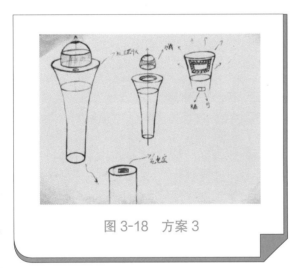

图 3-18　方案 3

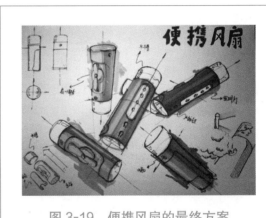

图 3-19　便携风扇的最终方案

五、便携风扇的建模与渲染

便携风扇的建模与渲染

1. 便携风扇的建模与渲染软件

（1）用犀牛软件构建便携风扇产品模型　如图 3-20 所示，以点线面或参数构建完整的便携风扇实体模型，计算机能够准确地记录每一次操作中包含的位置、长度、面积、角度等信息，经自动运算转换坐标，系统便可轻易地完成平移、转动、分解和结合等操作，同时可以切换观察视角，对实体进行细致的观察和修正。

（2）用 KeyShot 软件渲染　以色彩、材质和贴图对构建的产品模型进行虚拟现实的渲染，使模型更具真实感，如图 3-21 所示。

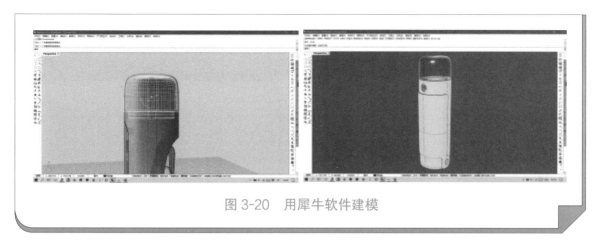

图 3-20 用犀牛软件建模

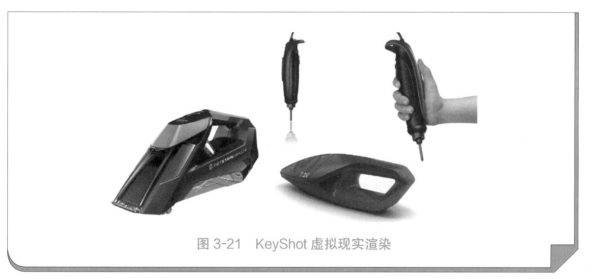

图 3-21 KeyShot 虚拟现实渲染

渲染时需要注意，产品应具备有明暗的五色调（即高光部分、亮面、灰度面、明暗交界线、暗部），受光部分应亮起来，背光部分则应暗下去，这也是给产品打灯光的原则。

2. 犀牛建模

步骤 1：首先用犀牛软件对便携风扇产品进行建模。先绘制主体部分，画出正圆并挤出，调整位置后绘制曲线并挤出，对主体进行布尔运算差集，如图 3-22 所示。

步骤 2：绘制风扇部分，依次绘制曲线并旋转成型，分割并移动扇叶底座，放样边缘，在放样面上进行曲线绘制，重建绘制曲线并偏移，绘制两条曲线对扇叶进行修剪，然后挤出曲面，如图 3-23 所示。

步骤 3：绘制按钮，绘制圆形并挤出，对主体进行布尔运算分割；继续绘制两个曲线和两个矩形并进行相互修剪，然后分割曲面并挤出，进行稍许调整；绘制照明灯，绘制圆角矩形并将其挤出成实体，依次进行布尔运算差集与布尔分割，绘制四个圆形并挤出成实体，并依次进行布尔运算差集与布尔分割，喷口与前面的步骤相似，此处不做赘述，如图 3-24 所示。

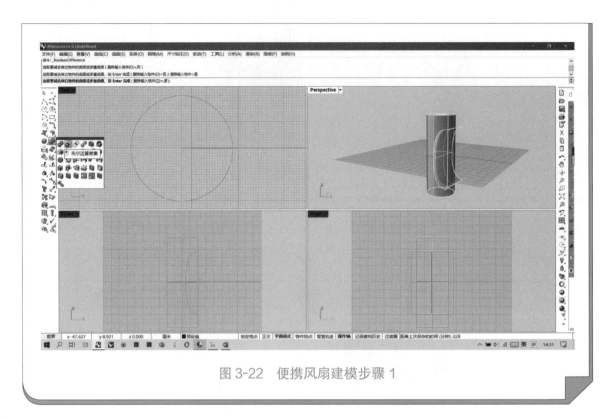

图 3-22　便携风扇建模步骤 1

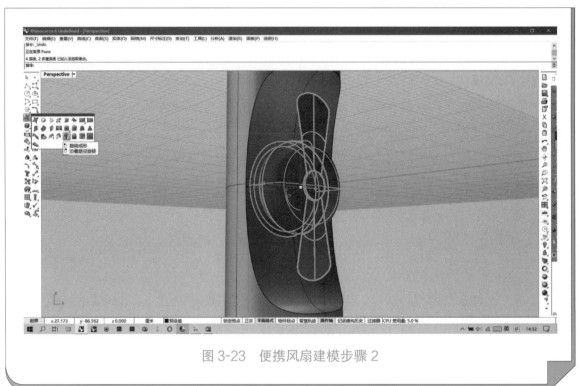

图 3-23　便携风扇建模步骤 2

步骤 4：进一步塑造风扇底部插接口细节，如图 3-25 所示。

步骤 5：绘制水槽部分，绘制图 3-26 所示曲线并旋转成型，偏移曲面后用布尔差集修剪主体部分，继续塑造主体顶部细节。

图 3-24　便携风扇建模步骤 3

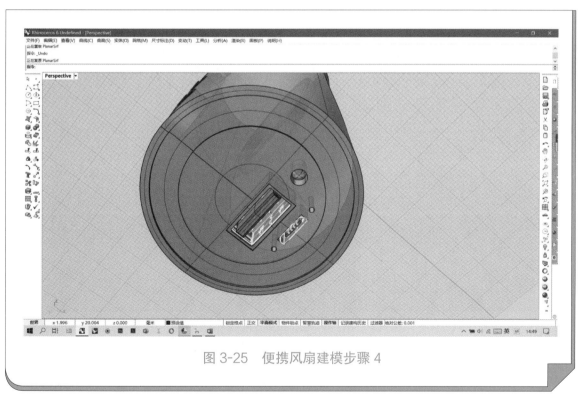

图 3-25　便携风扇建模步骤 4

步骤 6：绘制外壳部分，复制主体部分后隐藏其他部分，炸开主体副本后对其进行曲线修剪，调整长度并绘制曲线修剪；绘制圆形并挤出，与主体布尔运算差集后再进行布尔运算联集，然后与外壳布尔运算差集，如图 3-27 所示。

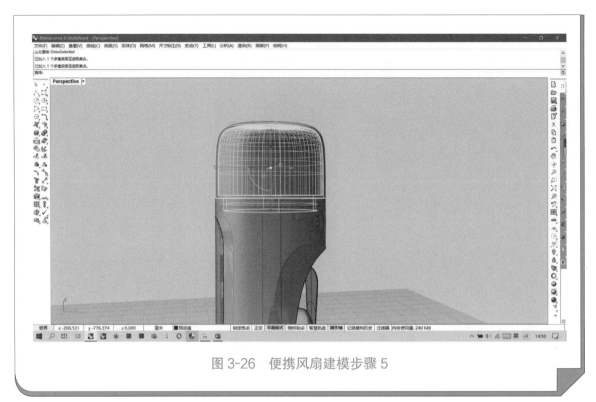

图 3-26　便携风扇建模步骤 5

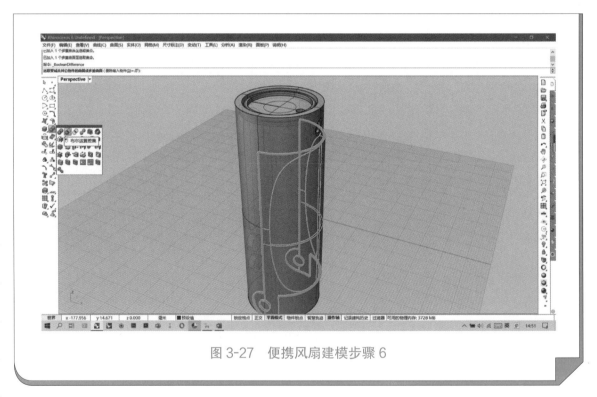

图 3-27　便携风扇建模步骤 6

　　步骤 7：对便携风扇依次倒角，该产品的模型即构建完毕，如图 3-28 所示。

3. 渲染

　　将构建的模型导入 KeyShot 渲染软件中，然后选择合适的材质球赋予给便携风扇的不同部分，然后单击"渲染"得到图 3-29 所示的渲染效果。

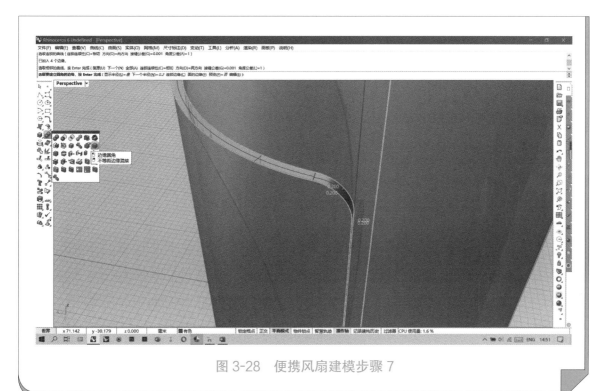

图 3-28　便携风扇建模步骤 7

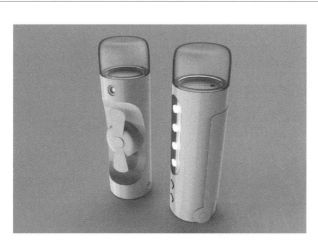

图 3-29　便携风扇渲染的最终效果

任务小结

1.收集便携风扇的设计资料及同类产品资料，明确便携风扇的创新点。

2.根据创新点进行设计构想，掌握便携风扇的设计构想表达。

3.收集便携风扇结构形态，使用三维 CAD 软件对便携风扇进行建模和渲染。

任务二　便携风扇的元器件选型

学习目标及技能要求

学习目标：了解电动机和电池的相关知识，掌握电动机和电池的选型方法。

学习重点：电动机参数分析。

学习难点：电动机的选型。

电子元器件在电子产品中无处不见。例如，手持风扇一般是由电动机加叶片作为动力装置。为电动机加上合适的电流后，驱动电动机旋转，从而使固定在电动机旋转轴上的叶片跟着一起旋转，实现送风功能。手持风扇里面的电子元器件至少包含电动机和电池。因此，需要学习关于电动机和电池的知识，才能完成手持风扇的元器件选型。

电动机是根据电磁感应定律，将电能转换为动能的电磁转换装置，经常被用作电气设备和机械装置的动力源。

以常见的有刷直流电动机为例，其内部结构主要包括定子、转子、换向刷三部分，如图 3-30 所示。当给线圈加上电压形成闭合回路时，线圈两边电流方向为一进一出，在定子磁场中产生大小相等、方向相反的电磁力，这两个电磁力形成了电磁矩，驱动转子转动。而换向刷的作用就是确保线圈两边的电流方向始终和初始方向一致，从而确保电动机的循环旋转。

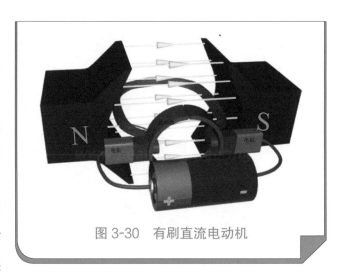

图 3-30　有刷直流电动机

常见的电机还有交流电机。交流电机由于其供电方式本身是一个旋转电场，根据麦克斯韦方程组，变化的电场产生磁场，变化的磁场又产生电场。因此，当外力推动线圈切割磁感线运动时，该电机就相当于一个交流发电机；当给线圈加载一个旋转电场时，产生一个旋转磁场，从而推动转子旋转，该电机则等效于一个交流电动机。

手持风扇设计首先考虑的是经济实用，因此只需选择一款和电池匹配的有刷直流电动机即可。手持风扇中另一个重要的元器件是电池，这里选择锂离子电池。

任务小结

学生通过对电动机和电池的了解，可以掌握便携风扇中电子元器件的选型方法，依此类推，完成便携风扇所有电子元器件的选型工作，为以后从事电子产品开发工作奠定基础。

任务三　便携风扇的结构设计

学习目标及技能要求

学习目标：掌握便携风扇结构设计的流程，选择合适的方法进行结构设计；掌握结构布局、拆分及固定连接的基本原则，包括外形重构方法、固定连接方式等。

学习重点：结构设计的流程。

学习难点：结构布局、结构拆分、结构连接与固定。

1. 外形重构

便携风扇渲染图如图 3-31 所示，其外形重构步骤如下：

1）将便携风扇的工业设计图片或模型导入 NX 软件进行外形重构，如图 3-32 和图 3-33 所示。

便携风扇外形重构

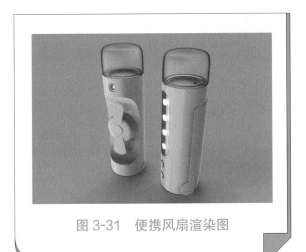

图 3-31　便携风扇渲染图

图 3-32　新建便携风扇模型

2）在导入模型的基础上，采用以下两种方法中的一种勾勒便携风扇外形轮廓。

第一种方法：如图 3-34 所示，首先利用 NX 软件新建一个名称为"便携风扇"的模型文件，然后将渲染好的便携风扇图片以光栅图像的样式导入 NX 软件中；然后绘制草图，在草图中利用"艺术样条"命令对便携风扇最大外形进行描绘；再利用"旋转"命令，得到便携风扇的外形轮廓，在描线过程中应尽量与导入图片一致，如果与图片轮廓有偏差，可以返回进行调整。

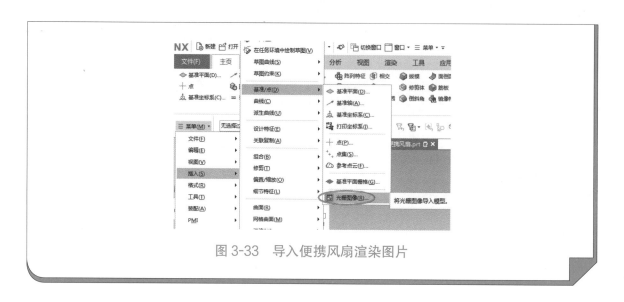

图 3-33　导入便携风扇渲染图片

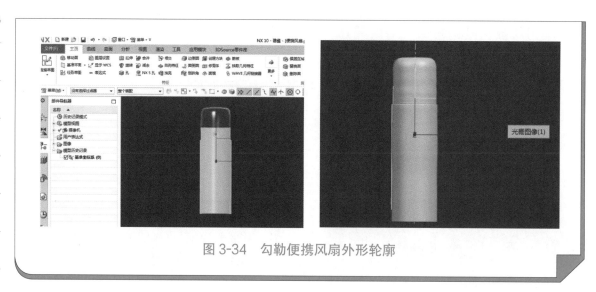

图 3-34　勾勒便携风扇外形轮廓

　　第二种方法：首先利用 NX 新建一个名称为"便携风扇"的模型文件，然后通过导入 IGES 文件的方法导入由犀牛软件转化来的 IGES 文件，在"模型数据"中选择"曲面"选项，最后根据源文件的曲线重新描线，进而构建曲面。可参考图 2-42 和图 2-43 所示。

　　2. 拆分与布局

　　（1）便携风扇的结构　　常见便携风扇的结构如 3-35 所示，包括壳体、风扇、灯珠、按键、罩子及水槽等结构。

便携风扇结构
拆分与布局

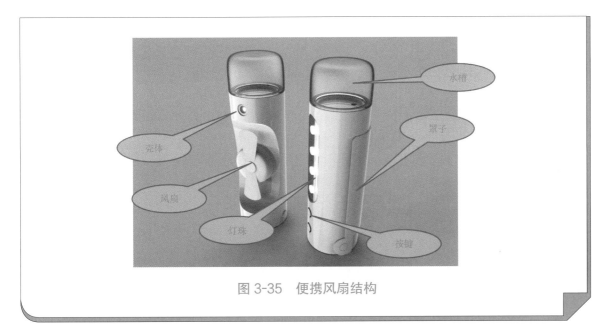

图 3-35　便携风扇结构

（2）拆分原则　产品的结构拆分应遵循一般原则，即根据产品表面工艺或配色要求拆出不同零部件。便携风扇上端的水槽明显与下面的颜色不同，故水槽可以先拆出来。

另外，也可以根据装配的先后顺序及功能特点进行拆分。首先，壳体内部需要装配电池等零部件，故需要将壳体一拆为二，即左壳与右壳。其次，左壳需要安装风扇，所以需要在左壳上拆出安装风扇的空间；右壳需要安装灯珠，所以需要在右壳上拆出安装灯珠的空间。最后，需要在右壳上将按键位置拆分出来，并在左壳上拆分出风扇的罩子。

总的来说，拆件的基本要求为：拆件顺序为前壳组件、后壳组件、按键组件等；子组件按从外到里、先大件后小件的顺序拆件；两零件的间隙按照"留大件偏小件"原则，即拆大件时不用留间隙，拆与其配合的小件时再留出间隙。

便携风扇拆件步骤如下：

1）打开便携风扇模型文件，在"装配导航器"中右键单击"便携风扇"，在弹出的对话框中选择"WAVE"下的"新建级别"，如图 3-36 所示。

2）单击"指定部件名"，在源文件"便携风扇"保存目录下新建"上部分"模型文件，然后在"类选择"中选择"便携风扇"实体文件、坐标系及拆分曲面，并按照相同方法，新建"下部分"模型文件，如图 3-37 所示。

3）按上述方法对"下部分"进行拆分，拆分为左壳和右壳，然后将左壳拆为风扇的罩子和左壳体两部分，再对按键、灯珠空间进行拆分，如图 3-38 所示。

4）至此，便完成了对便携风扇外形的拆分。最后将各拆分部分以不同颜色显示，如图 3-39 所示。

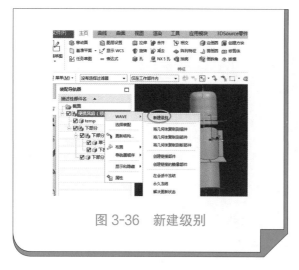

图 3-36　新建级别

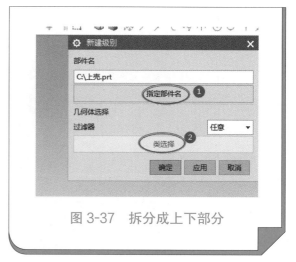

图 3-37　拆分成上下部分

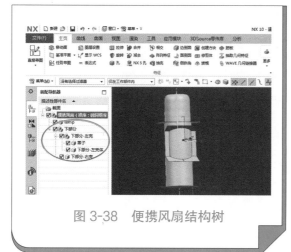

图 3-38　便携风扇结构树

图 3-39　便携风扇拆分效果

便携风扇零部
件连接与固定

3. 零部件连接与固定

（1）常见便携风扇的内部结构　如图 3-40 所示，常见便携风扇的内部结构有导向柱、螺钉柱、加强筋、限位结构及 PCB 板等。通过螺钉柱、止口等连接便携风扇的左壳与右壳；通过加强筋、限位板连接并固定电池及 PCB 板。

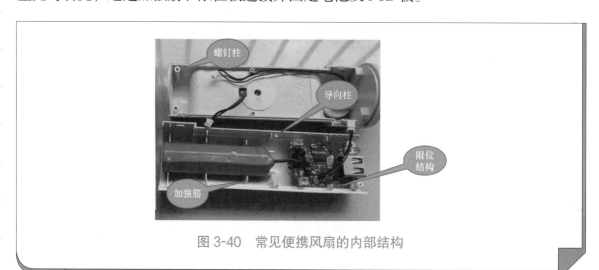

图 3-40　常见便携风扇的内部结构

（2）连接结构　便携风扇中需要连接与固定的零部件部位有：风扇下部分左壳与右壳之间、喷口与下部分壳体之间、水槽与喷口之间、罩子与壳体之间、电池的连接固定及 PCB 的连接固定。结构关系原则：零部件之间连接固定可靠，6 自由度需要完全约束。具体如下：

1）左壳和右壳的连接与固定采用得较多的方式有止口、卡扣及螺钉连接结构，本案例中三种方式都有体现，装配时先通过导向柱定位，然后再进行固定。其中公止口、母卡扣，母止口、公卡扣分别分布于左壳和右壳上，如图 3-41 和图 3-42 所示。

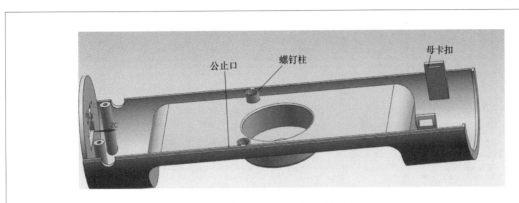

图 3-41　左壳上的结构

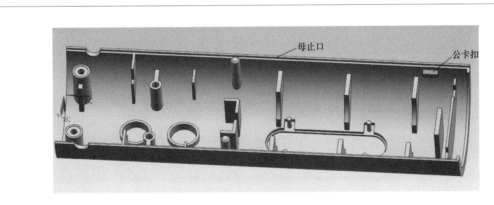

图 3-42　右壳上的结构

2）喷口与下部壳体之间采用嵌入连接结构，装配时先将左、右壳嵌入喷口的槽内，此时喷口与壳体通过内部限位与固定结构进行固定，防止其旋转，然后再进行左、右壳的固定，如图 3-43 所示。

3）水槽与喷口之间通过旋合进行连接与固定，按图 3-44 中的箭头方向旋合。

4）因为罩子需要旋转，所以通过转轴与壳体连接，转轴卡在壳体内，以防脱落，装配时需要与左、右壳同时装配，如图 3-45 所示。

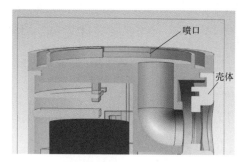
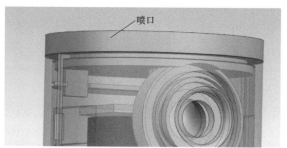

图 3-43　喷口与下部壳体的连接与固定

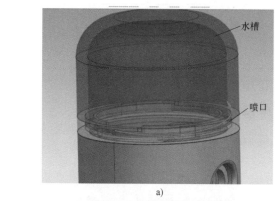

a)

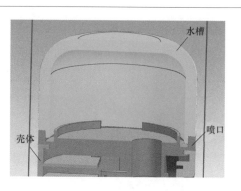

b)

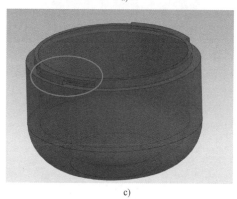

c)

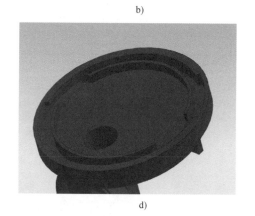

d)

图 3-44　水槽的连接与固定

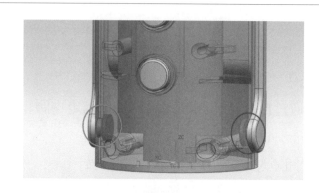

图 3-45　罩子的连接与固定

5）电池与壳体、PCB 与壳体通过加强筋进行限位固定，如图 3-46 ～图 3-49 所示。

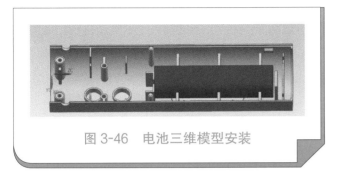

图 3-46　电池三维模型安装

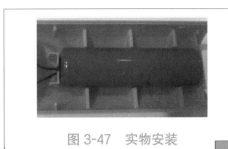

图 3-47　实物安装

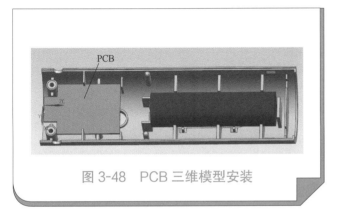

图 3-48　PCB 三维模型安装

图 3-49　PCB 实物安装

 任务小结

　　学生通过便携风扇结构设计任务的学习，可以掌握外形重构的流程与方法、产品二维与三维零部件的布局方法以及拆分原则与方法、产品各零部件间的连接与固定方法等知识，能够从事产品结构设计的相关工作。

任务四　便携风扇的 3D 打印前处理

 学习目标及技能要求

便携风扇 3D 打印前处理

　　学习目标：掌握 SLA 光固化成型（SLA）工艺前处理的内容，能够选择合适的摆放位置；能够利用前处理软件进行模型前处理工作。

　　学习重点：SLA 成型工艺前处理工作的内容。

　　学习难点：使用前处理软件处理模型的方法。

1. 三维建模

CAD 数字建模是 SLA 成型工艺前处理的第一步，即利用三维软件在虚拟三维空间中构建出三维模型。获取三维模型的方法有两种：一是使用建模工具生成的正向设计技术；二是通过曲面重构生成的逆向设计技术。正向设计技术是指将人们想象中的物体，根据其外形、结构、色彩、质感等特点，利用计算机辅助软件制作并模拟实物设计的过程；而逆向建模的流程为实物样品→CAD 模型→产品。前期完成的结构拆分工作即为三维建模。

2. 载入模型

三维建模完成后，将模型转换成切片软件可以识别的 STL 格式文件，如图 3-50 所示。然后将 STL 文件导入切片软件，如图 3-51 所示。

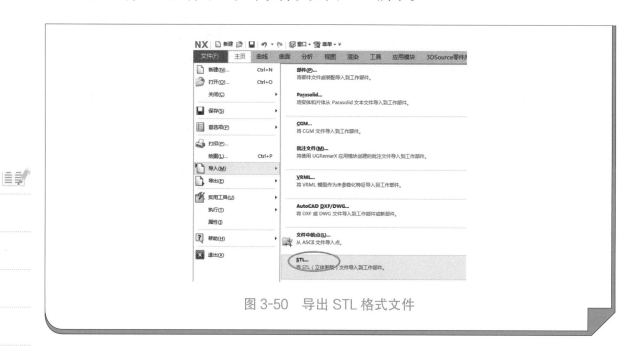

图 3-50　导出 STL 格式文件

3. 摆放位置

确定摆放位置的原则如下：

1）避免将模型细节部分朝向底面。

2）尽量采用模型本身结构托住模型，如图 3-52 所示。

4. 添加支撑

（1）自动添加支撑　自动添加支撑流程如图 3-53 所示。

支撑分为接地支撑与非接地支撑。连接"打印平台"与"模型"的支撑称为接地支撑，其余为非接地支撑，如图 3-54 与图 3-55 所示。

（2）手动添加支撑

1）单击鼠标右键按住并移动，将视角调至模型底部；标红、标黄区域是软件建议添加支撑区域，如图 3-56 所示。

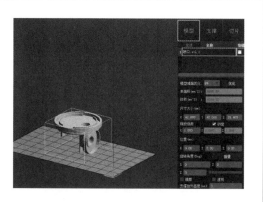

图 3-51　导入切片软件

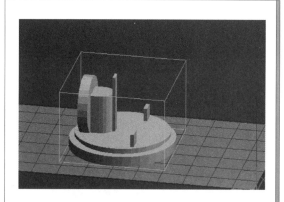

图 3-52　零件摆放

a）添加支撑

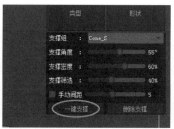

b）一键支撑

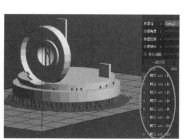

c）支撑

图 3-53　自动添加支撑流程

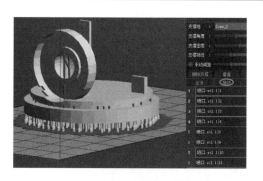

图 3-54　接地支撑

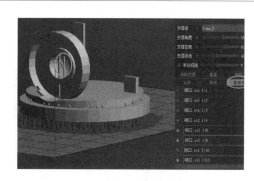

图 3-55　非接地支撑

2）移动鼠标光标至模型上可见淡绿色水平线；将鼠标光标移至模型底点，此时可见水平线已缩成点，在该点开始添加支撑，如图 3-57 所示。

3）逐步扩展模型最底部支撑分布，确保支撑能托住整个底面，如图 3-58 所示。

4）当模型偏移垂直方向超过 30°时，需要在偏移区域的整个轮廓上添加支撑，以保证模型扩展出来的部分不变形，如图 3-59 所示。

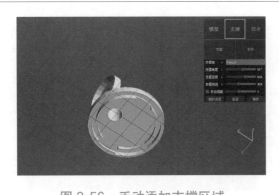

图 3-56　手动添加支撑区域

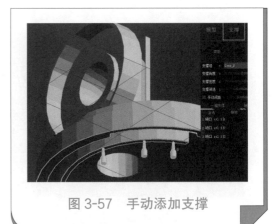

图 3-57　手动添加支撑

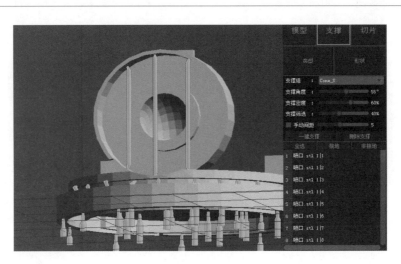

图 3-58　扩展支撑

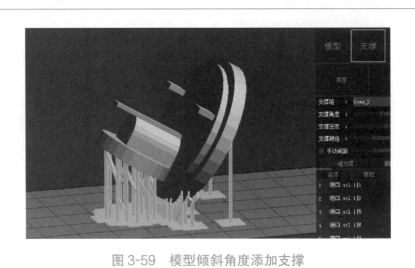

图 3-59　模型倾斜角度添加支撑

5）勾选图 3-60 中所圈住的选项，能够优化整合支撑，让支撑形成树状，同时加固支撑，添加底盘能保证模型与打印平台连接牢固。

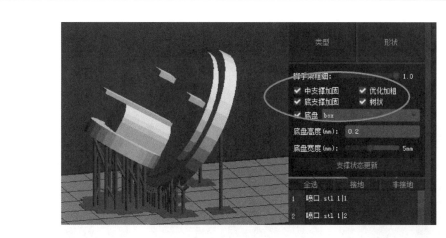

图 3-60 优化支撑

6）检查并删除干涉支撑，同时需要设置干涉间距，如图 3-61 所示。

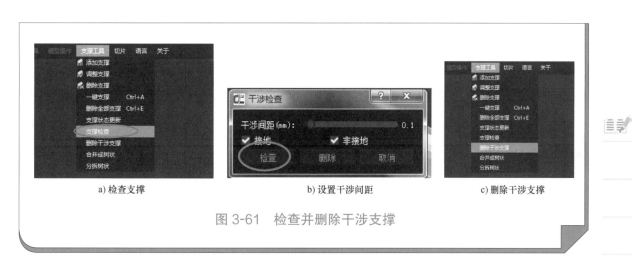

a) 检查支撑   b) 设置干涉间距   c) 删除干涉支撑

图 3-61 检查并删除干涉支撑

5. 切片

单击"切片"按钮进行切片，并设置曝光时间，如图 3-62 与图 3-63 所示。

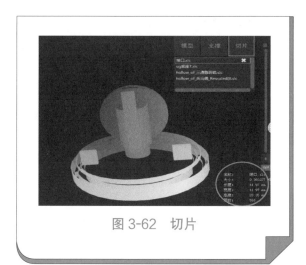

图 3-62 切片

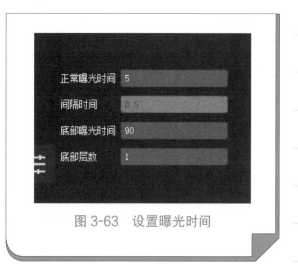

图 3-63 设置曝光时间

6. 导出文件

导出完成切片的文件，并复制到 3D 打印机上进行打印，导出文件过程如图 3-64 所示。

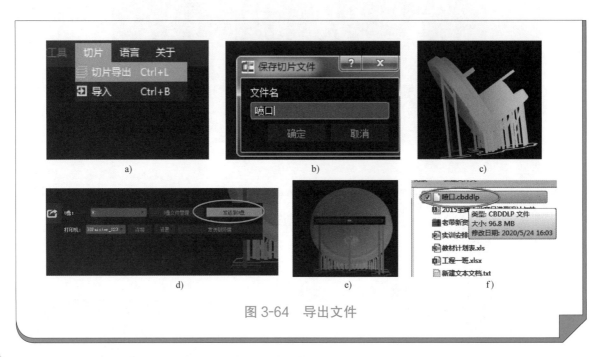

图 3-64　导出文件

  任务小结

　　学生通过对 SLA 成型工艺前处理工作的学习，掌握前处理的工作内容、收集成型原理资料及相关切片软件资料，熟知切片软件参数含义、操作方法，为后续 3D 打印操作奠定基础。

任务五　便携风扇的 3D 打印成型

学习目标及技能要求

便携风扇 3D
打印成型

　　学习目标：掌握桌面 SLA 3D 打印机的使用方法。

　　学习重点：SLA 3D 打印机的设置与操作。

　　学习难点：SLA 3D 打印机的设置与操作。

　　增材制造（3D 打印）设备操作员已被拟定为新职业，自此 3D 打印操作员有了正式的身份，也凸显出 3D 打印机操作的重要性与相关人才需求的紧迫性。

利用三维建模软件完成数据模型后，怎样让数据模型变成看得见、摸得着的实物产品？

本案例采用的打印机是三维博特 UV270 光固化 3D 打印机，打印机成型尺寸为 120mm×65mm×160mm，可满足便携风扇的打印需求。

1. 安装打印机

（1）安装树脂池 安装打印机的第一步是安装树脂池。树脂池背面四角顶端共有四颗长螺栓，与打印机台面孔位颜色对应安装，如图 3-65 所示。安装时将打印机台面两颗固定螺栓向上旋松，从屏幕操作端向 Z 轴方向将树脂池推入，底部与打印机台面四孔对应并相互卡住，旋紧两侧螺栓，树脂池安装完毕。

a) 树脂池   b) 打印机台面孔位

图 3-65 安装树脂池

然后安装打印平台，即拧开打印平台旋钮至其能够推入打印机 Z 轴支架槽内并拧紧旋钮，如图 3-66 所示。

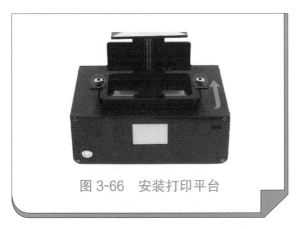

图 3-66 安装打印平台

图 3-67 螺钉与遮光罩孔位对应

（2）安装遮光罩 螺钉与遮光罩孔位对应并拧紧，蓝色孔位与导轨孔位对应安装，如图 3-67 与图 3-68 所示。

2. 导入模型

将保存切片文件的 U 盘插入打印机 USB 接口。需要注意的是，U 盘须始终插入 USB 接口至模型打印完成，如图 3-69 所示。

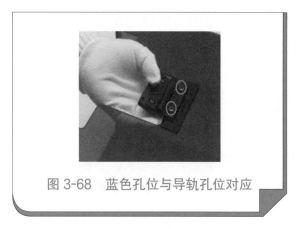

图 3-68 蓝色孔位与导轨孔位对应

图 3-69 导入模型

3. 开始打印

单击显示屏上的"打印"按钮，进入打印界面，选择".cbddlp"格式文件，进入"准备打印"界面，如图 3-70 所示。

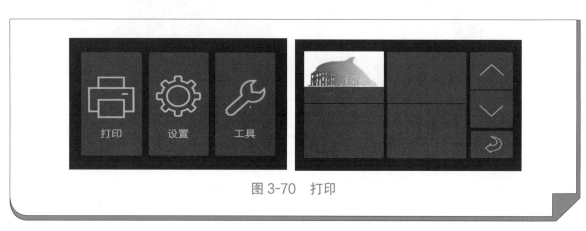

图 3-70 打印

打印过程中如需停止打印，可单击"停止"按钮，系统弹出"是否确定退出当前打印"的提示，单击"确定"按钮后，打印平台将自动抬升至最高位置，如图 3-71 所示；如需暂停，可单击"暂停"按钮，会弹出"是否暂停当前打印"提示，单击"确定"按钮，即可暂停打印该模型，如图 3-72 所示；单击"开始"按钮即可继续打印。

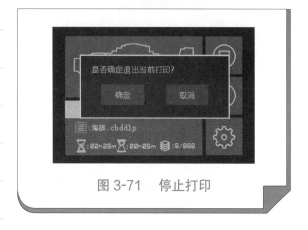

图 3-71 停止打印

图 3-72 暂停打印

任务小结

　　学生通过对桌面 SLA 3D 打印机操作的学习，了解 SLA 设备的结构及各部件的作用，掌握 SLA 设备打印前的操作，掌握树脂槽的安装、打印平台的安装等。

任务六　便携风扇的 3D 打印后处理

 学习目标及技能要求

　　学习目标：掌握 SLA 成型工艺后处理操作。

　　学习重点：SLA 成型工艺后处理的内容。

　　学习难点：SLA 成型工艺抛光操作。

　　对于常见的 SLA 3D 打印机，一般需要以下几个步骤完成后处理：

　　1）打印完成后，打印平台自动抬升至最高位置，打开遮光罩，首先用硅胶刮板清理打印平台上的残留树脂，然后用铲子把模型从底板上取下，如图 3-73 和图 3-74 所示。

图 3-73　清理树脂

图 3-74　取下模型

　　取下模型需要一定的技巧，不能用蛮力硬撬。如果使用的是刚性树脂，很容易把底板撬断，甚至连带支撑一起断裂而损伤模型表面。取下模型时要有耐心，应用铲刀围绕底板四周慢慢寻找，直到找到切入点。只要铲刀铲进底板和成型平台之间的缝隙，然后慢慢地继续深入，模型就很容易从成型平台上分离。

便携风扇 3D
打印后处理

2）用裁剪工具去掉因加工工艺需要而生成的辅助支撑，内部支撑可以不去除，如图 3-75 所示。

3）支撑去除完毕，将模型放入收纳箱内，加入酒精完全淹没整个模型，浸泡 5min。在此过程中要做好防护工作，穿工作服，戴好口罩和护目镜，开始用排刷清洗模型，如图 3-76 所示。

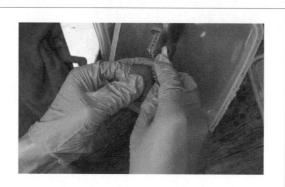

图 3-75　去除支撑

图 3-76　清洗模型

4）用压缩空气将模型吹干并放入固化箱，接通电源后按启动键，设置好计时器固化 15min 左右，然后把模型翻面再固化约 15min，如图 3-77 所示。

5）固化完成后，取出模型放置于工作台上，先用铲刀铲除结构上的残余支撑，然后取出裁剪好的砂纸，戴上指套开始打磨。通常情况下，没有特殊要求的模型只需打磨处理支撑面即可，如果需要喷漆上色，或者需要采用电镀等工艺，则需要多次反复打磨，使用从粗到细的砂纸目数，一步步使模型表面质量得以提高，这样才能得到理想的效果，如图 3-78 所示。

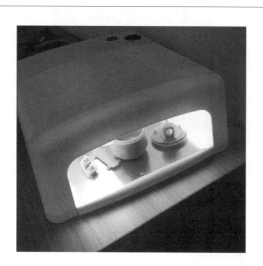

图 3-77　固化

图 3-78　抛光支撑到理想效果

N

　　3D 打印后处理是 3D 打印设备操作员的主要工作之一，随着经济的发展与 3D 打印技术的逐渐完善，作为一种新兴的职业岗位，必将备受青睐。通过学习光固化成型 3D 打印后处理的一般过程，可以为以后从事光固化成型设备操作打下基础。

任务小结

　　学生通过对桌面 SLA 3D 打印机后处理操作的学习，可以掌握 SLA 工艺后处理工作流程，收集光敏树脂相关资料，了解其特性，掌握在后处理时的注意事项；完成 SLA 3D 打印后处理工作，为以后从事 3D 打印工作奠定基础。

项目评价（表 3-1）

表 3-1　便携风扇的创新与 3D 打印项目评价

测试点	配分	评分标准	评分方案	得分	小计
一、设计创意	20	整体协调	设计主题突出，造型、色彩、尺寸、比例协调，符合设计目标要求：18 ~ 20 分（优）		
			设计主题明显，造型、色彩、尺寸、比例等较切合设计目标要求：15 ~ 17 分（良）		
			设计主题基本明确，造型、色彩、尺寸、比例等与设计目标基本搭配：10 ~ 14 分（中）		
			设计主题未体现或不明确，造型、色彩、尺寸、比例混乱：9 分及以下（差）		
	20	功能合理	功能安排合理，尺寸设置合理，使用功能明确并符合设计要求：18 ~ 20 分（优）		
			功能安排、尺寸设置合理，使用功能较合理：15 ~ 17 分（良）		
			功能安排、尺寸设置基本合理，使用功能基本合理：10 ~ 14 分（中）		
			功能安排、尺寸设置不合理，使用功能不合理：9 分及以下（差）		
二、造型及空间关系	20	造型准确、空间透视关系准确	产品空间关系明确，造型准确、生动，形体的透视关系准确：18 ~ 20 分（优）		
			产品空间关系明确，造型准确，形体的透视关系大体正确：15 ~ 17 分（良）		
			产品空间关系明确，造型基本准确，形体的透视关系无明显的错误：10 ~ 14 分（中）		

（续）

测试点	配分	评分标准	评分方案	得分	小计
二、造型及空间关系			产品空间关系明确，造型不准确，形体的透视关系不准确或有明显的错误：9 分及以下（差）		
	10	比例运用合理	比例运用合理：8 ~ 10 分（优）		
			比例运用较合理：6 ~ 7 分（良）		
			比例运用基本合理：2 ~ 5 分（中）		
			比例运用不合理：2 分及以下（差）		
三、渲染及材质表现充分（材料选用合理）	10	质感表现充分，纹理表现自然	质感表现充分，色彩及纹理表现自然：9 ~ 10 分（优）		
			质感、色彩及纹理表现良好：7 ~ 8 分（良）		
			质感、色彩及纹理表现一般：5 ~ 6 分（中）		
			无法表现材质质感与纹理，或表现差：4 分及以下（差）		
	10	光感表现合理，投影关系正确	光感表现生动自然，投影处理自然，与物体关系正确：9 ~ 10 分（优）		
			光感表现良好，投影处理较为得当，与物体关系正确：7 ~ 8 分（良）		
			光感表现基本合理，投影关系基本正确：5 ~ 6 分（中）		
			光感表现不合理，投影关系不正确：4 分及以下（差）		
四、职业素养	10	工作准备充分，工作程序得当	能够有效维护工位整洁（3 分）；工具及资料、作品按照要求摆放处理（2 分）；服从相关工作人员安排（3 分）；遵守操作规范与纪律（2 分）		
合计			100		

项目四　雨伞清理筒的创新与 3D 打印

 教学目标

知识目标

1.了解产品改良设计的概念。

2.掌握产品调研的方法。

3.掌握概念、方案设计方法。

4.掌握手绘创意表达方法。

5.掌握犀牛软件的建模方法。

6.了解雨伞清理筒内部传动系统。

7.掌握 3D 打印切片软件的使用方法。

8.掌握 3D 打印机的使用方法。

9.掌握 3D 打印的后处理方法。

能力目标

1.能够进行产品改良方案设计。

2.能够根据改良方案进行手绘。

3.能够根据手绘图进行三维建模。

4.能够根据要求及空间大小合理选择电气零部件。

5.能够根据要求对雨伞清理筒进行结构设计。

6.能够熟练操作工业级光固化成型 SLA 切片软件。

7.能够熟练操作工业级光固化成型 SLA 3D 打印机。

8.能够根据要求对打印的雨伞清理筒进行后处理。

9.能够根据功能要求确定传动系统的实现方案。

10.能够根据空间合理设计内部各零部件。

11.能够根据雨伞清理筒的大小合理选择 3D 打印设备。

12.能够根据实际情况，合理选择内部结构及各零部件间的配合形式。

职业素质目标

1.能够在方案设计阶段提出创新方案。

2.能够和团队成员协商，共同完成产品的制作。

3.能够在产品设计阶段熟练使用 CAD 软件。

4.能够运用网络、公众号等平台获得雨伞清理筒的相关知识。

5.能够选择合适的成型工艺进行 3D 打印。

6.能够在设计机械部分时正确查阅机械设计手册。

职业素养目标

1.具有勤奋学习的意识。

2.具有设备操作安全意识。

3.具有团队协作精神。

4.具有不畏困难的精神。

5.具备精益求精的工匠精神。

任务一　雨伞清理筒的工业设计

 学习目标及技能要求

学习目标：掌握雨伞清理筒情境体验调研的内容及目的；掌握体验历程图的制作与分析方法；掌握雨伞清理筒的机会分析流程；了解产品的设计定位及方法；掌握思维导图的绘制流程及方法；能分析产品的工作原理；了解不同的草图类型及其所代表的设计阶段；掌握用犀牛软件构建雨伞清理筒模型的方法；掌握用 KeyShot 软件渲染模型的注意要点。

学习重点：现有雨伞清理筒情境体验调研的方法；产品的设计定位及工作原理。

学习难点：设计的定位及方法、思维导图的绘制流程和方法与设计构想。

一、雨伞清理筒情境体验调研

1. 课程导入

产品设计的服务对象是人，因此，产品设计应当围绕人的行为、情感和体验展开，应当以真实的生活场景和使用情境为基础。工业设计应当注重人的生理和心理

雨伞清理筒情
境体验调研

特点，符合人的行为习惯、生活方式、文化语境等，并且产品在使用过程中应当给予用户良好的体验。

没有任何产品是脱离使用者及其使用情境而独立存在的。设计一款产品时，不能只想着这个产品本身，而是要更多地去思考产品所满足的用户需求究竟是什么，它又是在什么样的情境下被使用的。

通常使用故事板来表述产品的使用情境。

2. 情境体验调研

1）使用情境的三要素。雨伞清理筒使用情境包含三个要素：一是使用对象，也就是用户；二是使用环境，就是用户在产品的使用过程中的环境；三是使用过程，即用户和产品之间的交互关系，以及产品所满足的需求。概括地说，就是谁在什么样的环境和情况下要做什么，如图 4-1 所示。

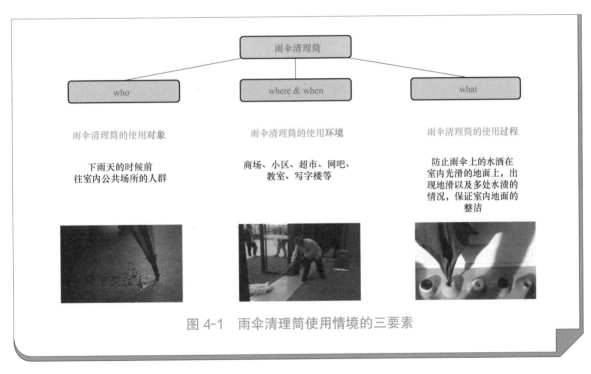

图 4-1　雨伞清理筒使用情境的三要素

2）使用情境体验。通过确定雨伞清理筒的使用对象、使用环境和使用过程，可以进行雨伞清理筒使用情境的体验调研，如图 4-2 所示。对设计师而言，要想真正了解某类产品的使用情境，必须到真实的用户世界和使用情境中去。只有这样才能使设计师对目标产品的使用情境有更为真实的体会与洞察。设计者应该"身临其境"，真正地沉浸到使用情境中去，可以亲自"扮演"用户，以第一人称的视角，沉浸式体验并记录整个使用情境。

3）情境体验历程图的呈现。通过雨伞清理筒情境体验调研故事的描述，深入分析得出体验历程图，如图 4-3 所示。体验历程是设计过程中常用的一种以用户需求发掘为导向的设计方法，主要以用户体验历程图的绘制为核心目标，其前提则是对现有使用情境的深入和系统了解。用户体验历程图是一种通过视觉化的方法，对用户在特定的使用情境中想要达成的需求或目标进行认真体验并加以呈现的工具。

图 4-2　雨伞清理筒的沉浸式体验

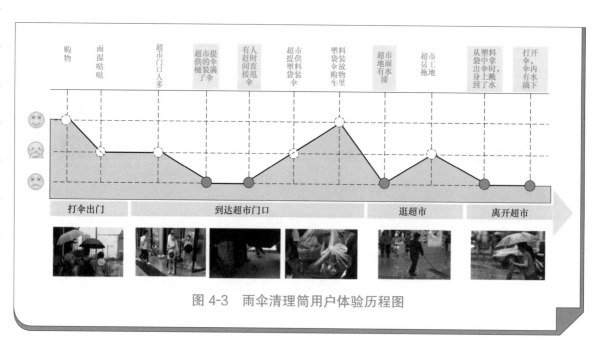

图 4-3　雨伞清理筒用户体验历程图

3. 体验历程的调研分析

从体验历程图中可以直观地看到，体验者对于下面五个现象感到很不满意：①超市提供的伞桶装满了伞；②有人赶时间直接甩伞；③超市地面上有水渍；④从塑料袋中拿出伞时，身上溅到了水；⑤打开伞，伞内有水滴下，如图 4-4 所示。

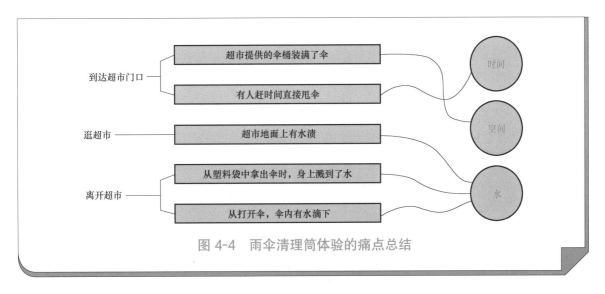

图 4-4　雨伞清理筒体验的痛点总结

二、雨伞清理筒设计机会锁定

通过前期的体验痛点总结得出雨伞清理筒的设计突破点，接下来应寻找设计"机会"并"锁定"设计点。

1. 设计机会

设计机会即通过设计解决或优化体验痛点的机会，设计师需要明确设计应该"解决什么样的问题"或"带来什么样的好处"。在整个雨伞清理筒沉浸体验过程中，可以从时间、水、空间等方面寻找机会。在体验过程中发现，无论是用塑料袋还是用放在超市门口的塑料桶等装伞都无法让人完全满意，伞拿出来的时候都会滴水。总的来说，核心问题是怎样将伞上的雨水去除，其次是怎样用最快的速度完成整个过程，最后是怎样给予更大的空间让更多的人同时使用，如图 4-5 所示。

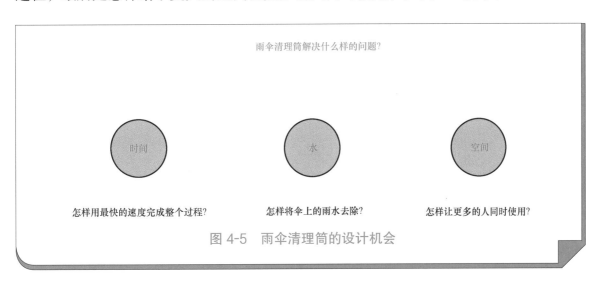

图 4-5　雨伞清理筒的设计机会

2. 发散思维

发散思维是指大脑在思维时呈现的一种扩散状态的思维模式，它表现为思维广阔，呈现为多维发散状，如"一题多解""一事多写""一物多用"等方式可以培养发散思维能力。一些心理学家认为，发散思维是创造性思维的主要特点，是衡量创造力的主要标志之一。

思维导图是一种结构化思考的高效工具，可以帮助人们理清思绪，重塑更加有序的知识体系。绘制思维导图的步骤如图 4-6 所示。

① 准备一张较宽的白纸，保证视野足够清晰，运用发散性的思维和联想，让这张白纸变成自己思维的衍生和想法的蓝图。

② 在白纸的中心写上思维导图的关键字或主题，并用彩笔圈起来，构成整个思维导图的核心中枢。

③ 充分使用彩笔，让自己的思维导图亮起来，但也不能随意使用，应保证画笔的颜色与所发散联想的关键词有一定的联系。

④ 思维导图就像一棵大树，树根连接主干，主干派生枝桠，树桠生出叶子。

⑤ 思维导图可简化为一级分支、二级分支、三级分支……一直发散下去。

⑥ 不同级别的分支一般用柔顺的曲线连接，就像树干连接枝桠一样，分支的两端是思维导图的关键词，就是大脑发散联想到的词条，不同级别的分支可以用字体大小来区分，这样思维导图的视觉效果更加美观。

图 4-6 思维导图绘制步骤

3. 设计机会锁定

设计机会锁定即对设计机会进行精准而明确的判断与定位。描绘出体验历程之后，最关键的是将体验中的痛点转化为设计机会。确定了关键词后，通过思维发散，绘制思维导图帮助我们理清思绪，重塑更加有序的知识体系。雨伞清理筒要解决的问题是去除伞上的雨水、节约时间、空间足够大，确定关键词"雨水去除"并绘制思维导图，如图 4-7 和图 4-8 所示。

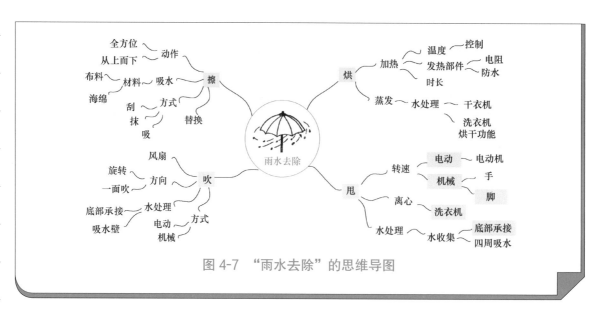

图 4-7 "雨水去除"的思维导图

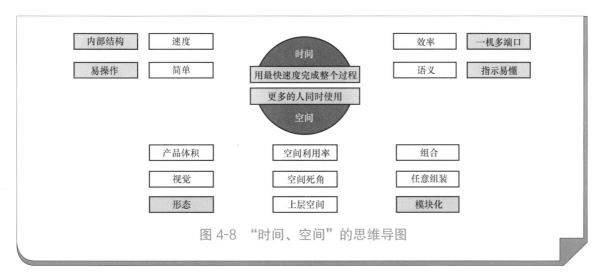

图 4-8 "时间、空间"的思维导图

通过思维发散得出的结论，按照产品设计因素，即使用方式、形态特征、工作原理、颜色四个方面进行总结。雨伞清理筒的使用方式：一机多端口、易操作、脚踩的方式；形态：语义指示易懂、模块化、底部留有盛水空间；工作原理：电动或者机械化的方式，参考洗衣机的工作方式。

三、雨伞清理筒工作原理思考

1. 雨伞清理筒的设计定位

从一种产品的概念出发，能够直接了解的设计要点除了产品应具备的功能之外，就是其所提供功能背后的工作原理。

工作原理是雨伞清理筒的核心设计因素，是将设计概念落地，体现设计人员在交叉学科、多学科融合、科学性等方面知识的积累，如图 4-9 所示。

雨伞清理筒产品的机会分析和设计定位

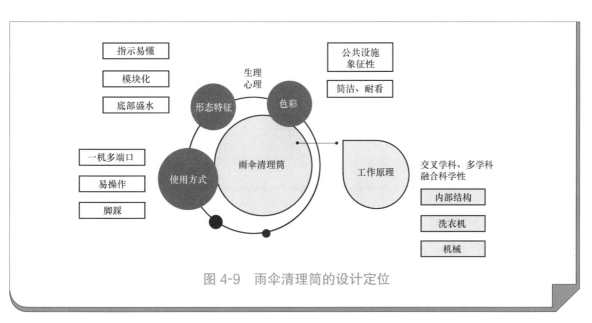

图 4-9 雨伞清理筒的设计定位

产品的形态特征和工作原理是一种耦合的关系，即两者之间相互作用和影响。

产品的形态在很大程度上反映并支撑其工作原理；产品的工作原理则对其形态特征构成起着决定性的作用。同时，产品的工作原理也与其使用方式密切相关。可见，产品的形态特征、工作原理及使用方式之间，是一种相互影响的关系，改变其中任何一点，都会对其余两者产生影响。

2. 设计移植法

设计时常用的一种方法是移植法：将某个领域的原理、方法、材料和结构等引用到另一个领域进行创新活动的方法。移植法的原理是各种理论和技术之间的转移。

实质上，移植法是应用已有的其他科学技术成果，为达成某种目的，通过移植来更换事物的载体，从而形成新的概念。可以从不同的角度进行移植，如图 4-10 所示。

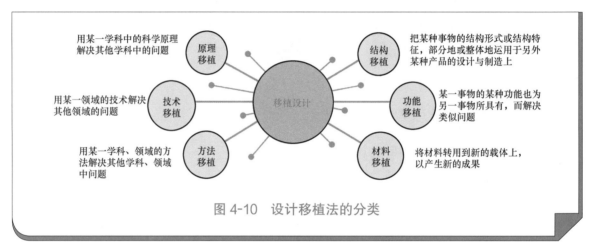

图 4-10　设计移植法的分类

3. 工作原理移植

通过总结洗衣机的甩干功能得出雨伞清理筒的工作原理，如图 4-11 所示。

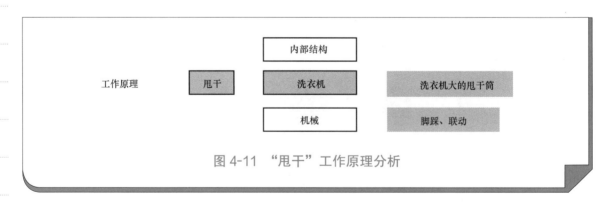

图 4-11　"甩干"工作原理分析

洗衣机的基本工作原理可简单分解为以下过程或模块：电 + 控制系统、电动机、传动系统、波轮、水、衣物。

洗衣机甩干筒的工作原理：物体由于具有惯性，在做弧线运动的时候会产生离心作用，需要其他外力提供向心力以维持弧线运动。如果没有其他外力或因其他外力不足以提供这一向心力，便会产生离心作用。对于甩干桶，由于衣服对水的附着力远不能提供高速转动的水所需的向心力，因此产生了离心作用，水就离开了衣物，从而达到衣物脱水的目的，如图 4-12 所示。

图 4-12　洗衣机甩干筒的工作原理

　　雨伞清理筒的设计目的是用于雨伞表面雨水的清理，其内部结构移植了洗衣机甩干筒的工作原理，由一个弹簧、水桶及一根旋转轴组成，通过机械或者电动方式带动筒的旋转，让伞旋转，将雨水离心甩出。

四、雨伞清理筒的手绘创意表达

1. 设计表现技法的概念

雨伞清理筒的
手绘创意表达

　　在设计过程中，有了灵感就要立刻记录下来，勾勒出初步的形态和结构，以便之后回顾当时的想法，但想要表达得准确易懂，则需要一定的设计表现力。设计表现过程中会用到各种工具，在使用这些工具的过程中所产生的使用技术和方法称为技法，技法是工业产品设计师必须学习的内容。

　　产品的设计表现技法可分为以下几种：线描表现技法、马克笔表现技法以及水溶性彩铅表现技法，如图 4-13 所示。

　　线描表现技法是最为简练、快捷的表达方式，多以徒手画线完成，较为自由；

　　马克笔表现技法对于忙碌的设计师来讲是一种较为快速、理想的渲染技法，能够真实、快捷地表现不同质感的物体，而且在不同纸张上能够产生不同的效果；

　　水溶性彩铅表现技法与彩色铅笔的画法类似，不同的是在画面上可以用含水的勾线笔将颜色溶解，类似水彩与彩铅的混合技法，其特点是可以表达出具有不同质感的对象。

2. 马克笔表现技法

在工业设计中，马克笔表现技法以其快速、效果好等优势被设计师广泛使用。马克笔表现技法的步骤及方法如下：

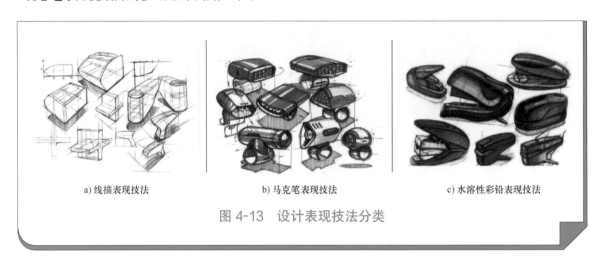

a) 线描表现技法　　　　　　b) 马克笔表现技法　　　　　　c) 水溶性彩铅表现技法

图 4-13　设计表现技法分类

第一步：用笔画好产品的轮廓线稿，注意线条随结构的走势而变化，确定光影关系，可以使用排线的方法表现投影面，注意布局透视。

第二步：明确形态边缘，用较浅的灰色笔画出基本的明暗层次，并在投影的地方加深，使产品更有厚重感。

第三步：用较深的灰色加深明暗交界线的部位，用亮色马克笔点缀局部，加强色彩对比效果的同时，注重物体的结构变化。

第四步：用灰色和深灰色加深底部的阴影部分，高光可以留白，进一步强化投影，局部区域继续加强其明暗对比关系。

第五步：为了使产品产生更好、更生动的视觉效果，再使用亮色的笔表现一些结构的细节部分。

第六步：为了更好地衬托产品，可添加背景色，并勾勒出规整的产品轮廓线，对需要强化的部位加深加重，使方案表现得结构清晰，得到最终的效果。

3. 马克笔方案效果图

通常来讲，一幅较为完整的产品效果图根据需要可以包含以下内容：产品名称、三视图（正视图、侧视图、俯视图）或尺寸图、设计细节、结构特征、使用方法、使用场景、人机关系、灵感来源、文字说明等，如图 4-14 所示。

通常设计师在与工程技术人员交

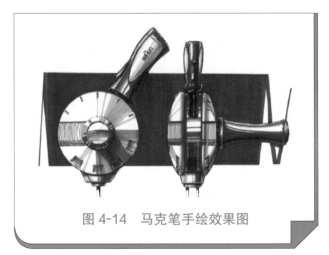

图 4-14　马克笔手绘效果图

流产品的结构和功能时需要用到一些说明图，它是用来展示产品信息的重要手段，因此设计师有时需要绘制一些爆炸图、剖视图等特殊效果图。爆炸图主要用来揭示内部零件与外壳各部分之间的关系，通常可以作为工程与结构设计的参考，用来探讨装配时可能遇到的各种潜在问题。绘制爆炸图时最好选择俯视视角和较微弱的透视关系，这样有利于设计师把握和展示更多的产品信息。

4. 雨伞清理筒效果图方案

方案 1 的雨伞清理筒采用了类似于超市购物车的形态，内部采用一机多端口形式，设有多个甩水桶，可以同时处理多把伞。在底部中间有滤水挡板，将雨伞与雨水进行分隔，下层储水区域可以直接取出进行处理，产品的底部装有车轮，可以将产品放置在任意区域；如图 4-15 所示。

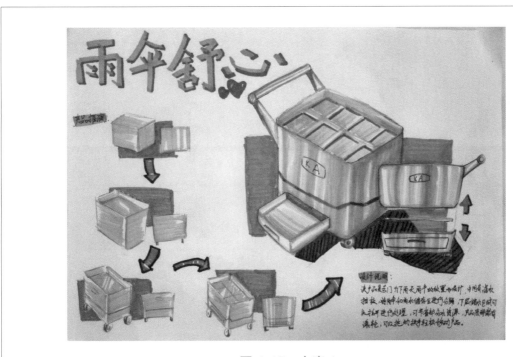

图 4-15　方案 1

方案 2 的雨伞清理筒采用现有套伞机的形态作为原型，放伞口结合大褂的开襟线条，开襟打开大小决定所放伞的长短。其工作原理采用的是烘干雨伞的方式，烘干区域可供多把雨伞同时使用。底部设有可抽取的水槽，后面有散热口，如图 4-16 所示。

方案 3 为最终选定的方案，该雨伞清理筒采用的是洗衣机甩干桶的工作原理，因为产品的使用环境会接触到雨水，而雨水是一切电子产品的克星，在很多使用环境下都有很大的弊端，会产生一些不必要的麻烦，所以选择了人力驱动的方式，与洗衣机甩干桶相结合，并补充产品爆炸图来说明产品的工作原理，如图 4-17 所示。

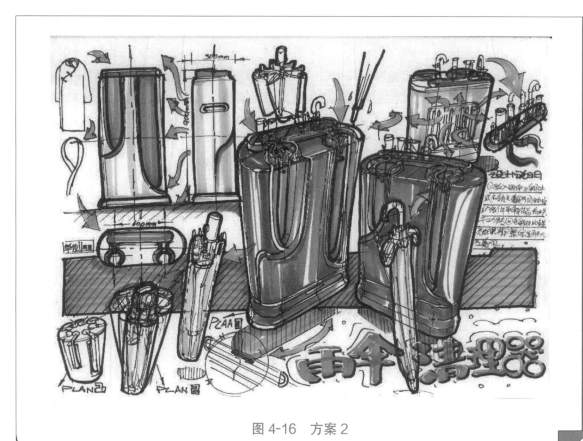

图 4-16　方案 2

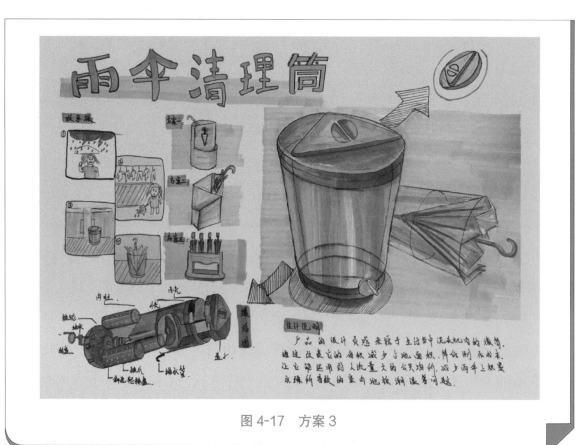

图 4-17　方案 3

雨伞清理筒的
建模与渲染

五、雨伞清理筒的建模与渲染

1. 雨伞清理筒的建模步骤

在工业设计，尤其是产品设计中，三维设计表现具有非常重要的作用，快速、准确地将创意表现出来是工业设计师必备的能力之一。Rhino 软件因其曲面功能强大、操作方便、入门快捷而受到广大工业设计师和学生的欢迎，非常适合工业产品设计早期阶段设计方案的快速表现，在产品设计领域具有广泛的应用。

下面将使用计算机辅助设计软件对雨伞清理筒建模并进行渲染，具体操作如下。

步骤一：筒盖建模。首先绘制两个圆柱体进行布尔运算差集，然后在顶部运用多重直线绘制三角形并挤出封闭的平面曲线，再绘制一个球体进行布尔运算差集形成凹槽；运用多重直线和控制点曲线绘制并挤出封闭的平面曲线，形成最顶部手柄，最后进行整体组合，并进行不等距边缘倒圆角，如图 4-18 所示。

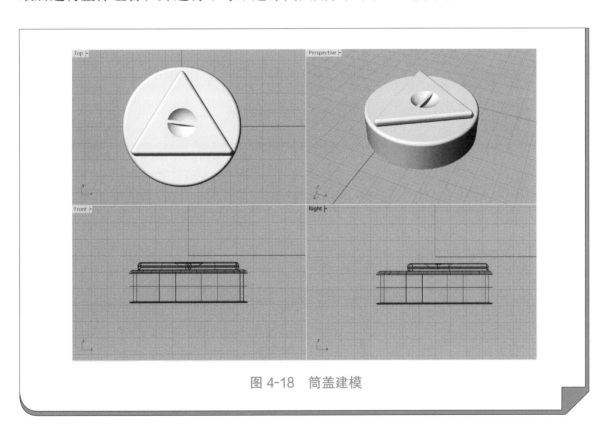

图 4-18　筒盖建模

步骤二：筒身建模。建立两个圆柱体并缩小一个圆柱体，进行布尔运算差集，使用多重直线绘制表面花纹，对花纹放样，然后进行环形阵列得到最终效果，如图 4-19 所示。

步骤三：底座建模。绘制两个圆柱体，对其中一个圆柱体进行缩小操作，使用布尔运算差集，裁剪镂空部分，建立一个正方体，对其位置进行调整；使用镜像工具镜像到另一侧，对裁剪好的圆柱体和正方体进行布尔运算差集，绘制出凹槽；最后绘制出中心的圆柱体，并对所有部件进行不等距边缘倒圆角，得到的最终效果如图 4-20 所示。

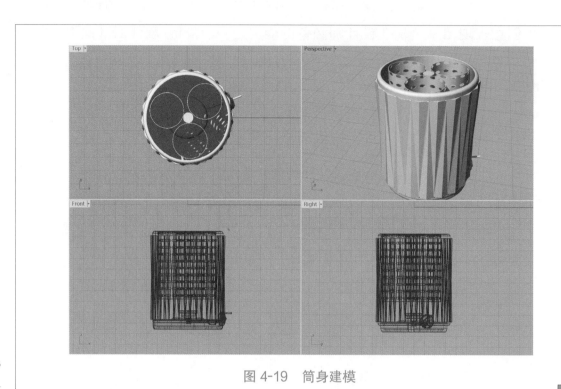

图 4-19　筒身建模

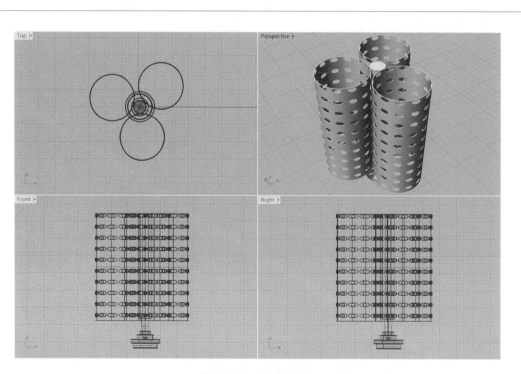

图 4-20　底座建模

步骤四：甩干筒建模。绘制圆形并挤出片体，并对挤出的片体进行偏置曲面，得到镂空的圆柱体；绘制一个圆柱体调整到相应位置进行矩形阵列，再对阵列出来的圆柱体进行环形阵列，并和镂空的圆柱体进行布尔运算差集得到滚筒。绘制一个圆柱并对滚筒进行环形阵列的效果图如图 4-21 所示。

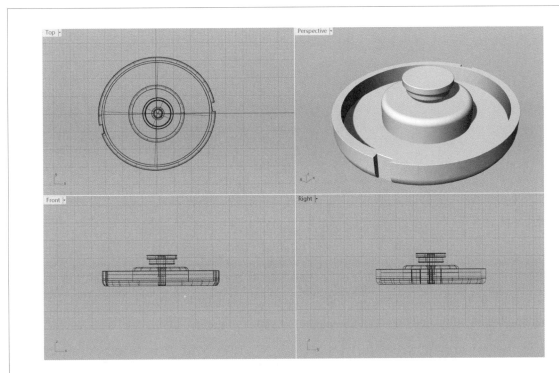

图 4-21　甩干筒建模

步骤五：踩踏杆建模。绘制圆柱体，然后使用多重直线绘制顶部三角形部件，以三角形为修剪工具对圆柱体进行修剪，然后对顶部三角形进行挤出，使用混接曲线对修剪部分和挤出的三角形进行混接；使用平顶锥体绘制出手柄部分，再使用圆柱体和多重直线建立连接杆部分；最后使用控制点绘制曲线，并通过圆管工具建立排水管部件，对所有部件进行不等距边缘倒圆角，得到的效果图如图 4-22 所示。

2. 雨伞清理筒的渲染步骤

步骤一：选择材质。在界面左边的材质库里有大量可供选择的材质，根据产品的需求选择相应的材质及颜色，也可在右边的编辑栏中选择颜色，如图 4-23 所示。

步骤二：选择环境。雨伞清理筒是在室内使用的，所以选择一个室内环境，还要调整环境光的方向，并考虑环境的主色调是否符合产品使用情景，如图 4-24 所示。

步骤三：设置纯色背景。如果需要纯色背景，直接在右边的背景设置中选择颜色，然后设置所需的纯色背景色，如图 4-25 所示。

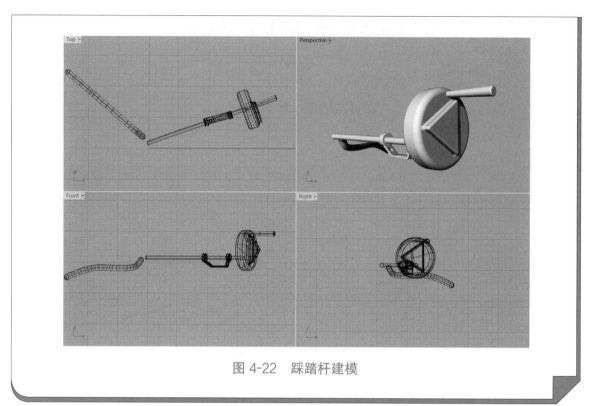

图 4-22　踩踏杆建模

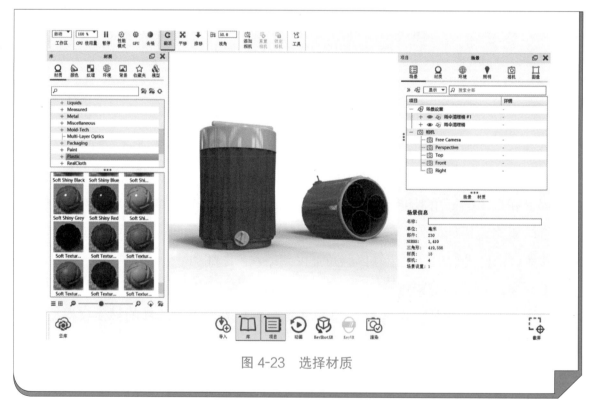

图 4-23　选择材质

　　通过对雨伞清理筒建模与渲染步骤的解析可以看出：建模、渲染能给人以更强烈的视觉刺激，震撼程度远远高于二维画面。有了物体的三维模型，可以产生任意视图，视图间且能保持正确的投影关系，这为生成工程图带来了方便。

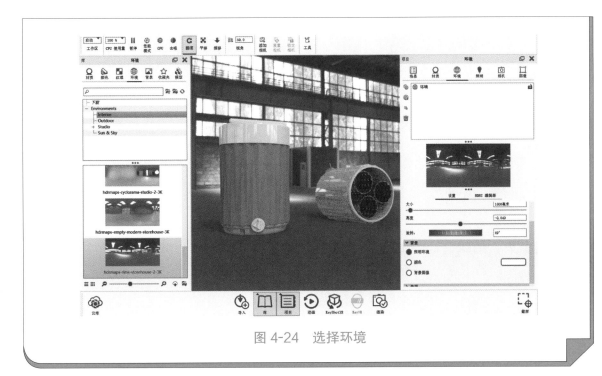

图 4-24 选择环境

图 4-25 纯色背景

任务小结

1. 收集产品设计相关资料，了解雨伞清理筒产品情境体验调研方法，掌握情境体验历程图的绘制与分析。

2. 掌握工作原理移植方法。

3. 掌握马克笔方案效果图的呈现方法。

4. 熟悉雨伞清理筒案例的建模和渲染步骤。

任务二　雨伞清理筒的结构设计

 学习目标及技能要求

学习目标：掌握雨伞清理筒结构设计的流程，选择合适的方法进行结构设计；掌握结构布局、拆分及固定连接的基本原则，包括外形重构方法、固定连接方式等。

学习重点：结构设计的流程。

学习难点：结构布局、结构拆分、结构连接与固定。

一、外形重构

雨伞清理筒外形重构

任何产品的设计流程都是先进行工业设计，后进行结构设计，结构设计是在工业设计的基础上进行的工作。结构设计的主要内容是外形与内部的设计，首先需要确定外形。清理筒的渲染图如图 4-26 所示。

第一种方法：使用工业设计的图片，以光栅图像直接导入 NX 软件中（图 4-27）。在绘制草图前，需要确定图片中的产品尺寸与实物尺寸的比例是 1：1，否则应进行调整。调整方法是测量图片中产品的任一尺寸，与实际的相应尺寸进行比较，得出一个系数，然后编辑光栅图像，将高度与宽度乘以此系数即可，如图 4-28 所示。

图 4-26　清理筒渲染图

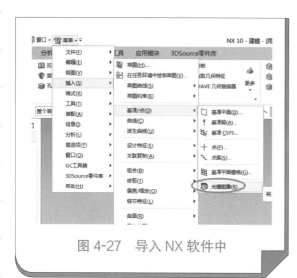

图 4-27　导入 NX 软件中

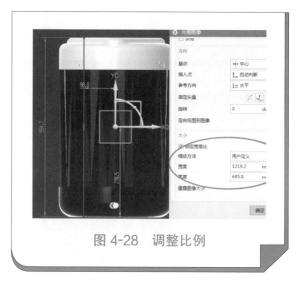

图 4-28　调整比例

然后绘制草图，使用"艺术样条"中的"通过点"命令描线，把产品的轮廓勾勒出来。最后使用"特征"命令或"曲面"命令将曲线转化为曲面或实体，如图 4-29 所示。

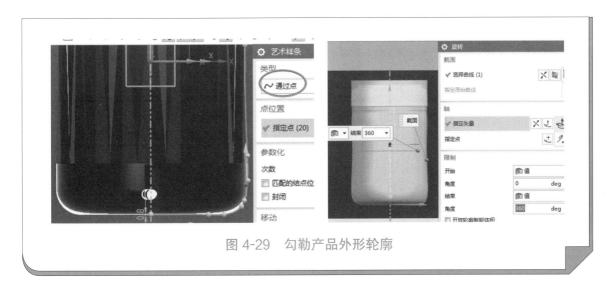

图 4-29 勾勒产品外形轮廓

第二种方法：将犀牛软件的文件数据导出为失参的文件格式，然后将此文件导入 NX 软件中。导入时选择坐标系和曲面，然后在导入的失参模型基础上勾勒产品外形，构建曲面，最后完成产品外观参数化模型，如图 4-30 ~ 图 4-32 所示。

图 4-30 导入 x_t 文件

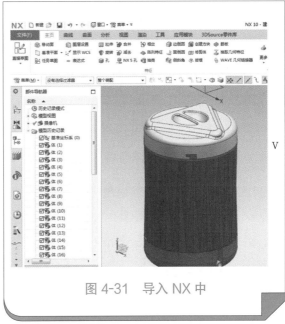

图 4-31 导入 NX 中

二、产品结构拆分与布局

产品外观模型的结构拆分，应遵循一般原则：可以根据产品表面工艺或配色要求拆出不同的零部件，如雨伞清理筒的上盖、中间连接零件、中筒及底座有明显的颜色区别，故可以拆分成不同零部件。

雨伞清理筒
产品结构拆分

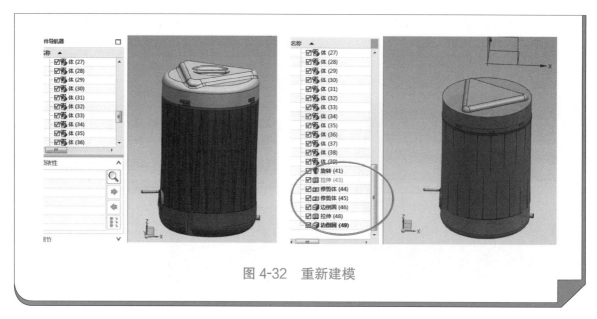

图 4-32　重新建模

也可以根据装配的先后顺序及功能特点进行拆分。首先确定底座，在底座上安装内部零部件，然后安装中筒，接着安装中间连接零件及上盖，最后进行细节拆分，将手摇结构拆分出来，如图 4-33 所示。

总的来说，拆件的基本要求是：拆件顺序为上盖组件、底座组件、中间组件等；子组件拆件按从外到里、先大件后小件的顺序；两零件的间隙按照"留大件偏小件"规则，即拆大件的时候不用留间隙，拆与其配合的小件再留出间隙。

利用三维 CAD 软件进行产品外形设计时常采用自顶而下的设计方法：先规划整个产品结构，再向下做细节设计，先有组件、然后有下级子件，具有明显的结构树，这样更能体现设计者的设计意图。

使用 WAVE 命令可以实现自顶而下的设计，可以从装配中任意一个其他部件相关地复制或连接几何体到工作部件，并利用它作为参考来构建几何体。当源几何体改变时，连接的几何体将被自动更新，让设计、更改变得更容易、更经济，以维持整体设计的完整性和意图。

雨伞清理筒拆件步骤如下：打开雨伞清理筒外观造型文件，在"装配导航器"中右键单击"雨伞清理筒"，在弹出的对话框中选择"WAVE"下的"新建级别"，如图 4-34 所示；然后单击"指定部件名"，在"雨伞清理筒"保存目录下新建"上盖"模型文件，在"类选择"中选择"雨伞清理筒"实体文件、坐标系及拆分曲面，接着在"雨

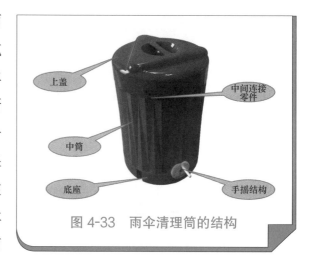

图 4-33　雨伞清理筒的结构

伞清理筒"结构树下单击"上盖"，选择"设为显示部件"，应用"修剪体"命令，把"上盖"拆分出来，如图 4-35 所示。

　　按照相同方法，拆出"底座""中桶"及"中间连接零件"。至此，完成了对雨伞清理筒的拆分。最后将各拆分部分以不同颜色显示，如图 4-36 所示。

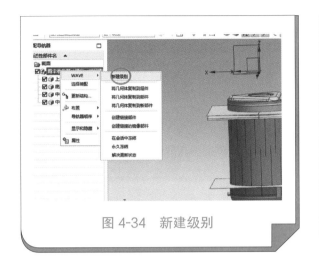

图 4-34　新建级别

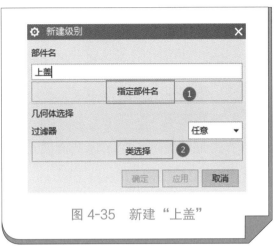

图 4-35　新建"上盖"

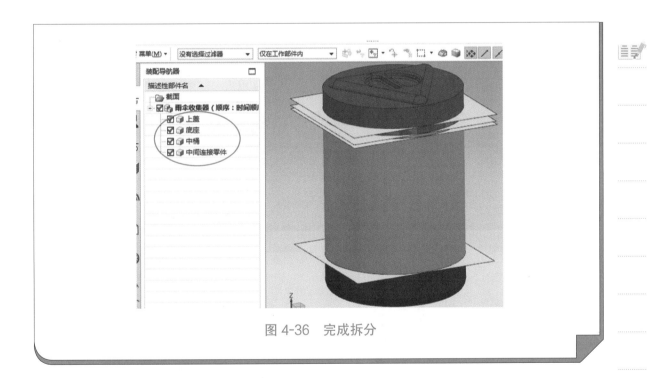

图 4-36　完成拆分

三、零部件连接与固定

1. 雨伞清理筒的内部结构

　　如图 4-37 所示，雨伞清理筒的内部结构有三个转筒、齿轮、齿轮固定座、手柄、中间传动轴等。

雨伞清理筒零
部件连接与固定

117

对于具有运动功能的雨伞清理筒，涉及结构关系的零部件主要有前壳与底壳、壳体与装饰件，需要模拟运动状态，以确定是否有运动干涉。壳体之间的结构关系主要是连接与固定，其中包括止口设计、螺钉柱设计、卡扣设计等，如图 4-38 所示。内部零部件的结构关系同样是连接与固定，具有运动功能的产品应用比较多的是齿轮传动、齿轮齿条传动等结构，如图 4-39 所示。

图 4-37　雨伞清理筒的内部结构

2. 结构布局

结构布局就是主要固定结构的总布局，按照装配顺序，设计步骤如下：

1）确定一个装配基准，即确定哪个零件是第一个装配的，之后的所有零部件都是装配在此零件上的。对于雨伞清理筒，第一个装配的是底座，如图 4-40 所示。

a) 止口　　　　　　　　b) 卡扣　　　　　　　　c) 螺钉柱

图 4-38　壳体结构

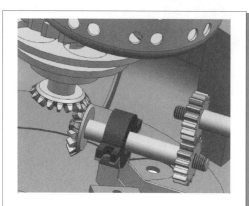

图 4-39　齿轮结构

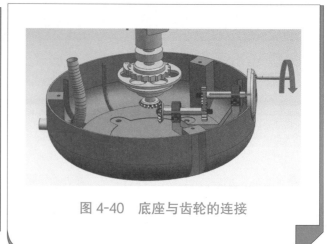

图 4-40　底座与齿轮的连接

2）将中筒装配在底座上，通过在圆周上均布的三个螺栓进行固定。设计时需要预留装配空间，否则装配工具将无法使用而导致设计失败。

3）预装内筒与甩筒等零部件。首先将三个甩筒通过上下两个扣位完全约束到中间传动轴上，中间传动轴通过螺纹结构与下方锥齿轮连接并固定，如图 4-41 所示；然后将预装好的内筒、甩筒等结构通过在圆周上均布的四个卡扣及台阶装配在中筒上，限制内筒的旋转与移动，如图 4-42 所示。

图 4-41 甩筒与轴的连接与固定

图 4-42 内筒的连接与固定

4）安装中间连接零件。将中间连接零件通过四个卡扣与中筒连接起来，需要注意的是，设计卡扣时要保证足够的技术间隙；然后安装上盖，上盖通过旋转扣位与中间连接零件连接，起到限位与固定的作用，如图 4-43 所示。

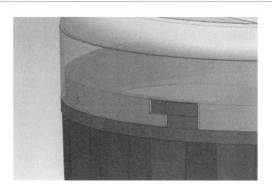

图 4-43 上盖的连接与固定

在实际的结构设计中，涉及结构连接与固定的内容，需要遵从按装配的先后顺序、尽量少的装配方向及方便拆卸的原则进行设计。

 任务小结

学生通过雨伞清理筒结构设计任务的学习，掌握外形重构的流程与方法、产品二维与三维零部件布局及拆分原则与方法、产品各零部件间的连接与固定原则与方法等方面的知识，能够从事产品结构设计的相关工作。

任务三　雨伞清理筒的 3D 打印前处理

 学习目标及技能要求

学习目标：掌握 SLA 成型工艺前处理的内容；能选择合适的摆放位置；能使用前处理软件进行模型前处理。

学习重点：SLA 成型工艺前处理的内容。

学习难点：前处理软件的使用方法。

一、三维建模

三维建模的方法同前述任务。

二、模型修复

将建好的 CAD 三维模型数据导出为 STL 格式文件，然后导入切片软件中，如图 4-44 所示。

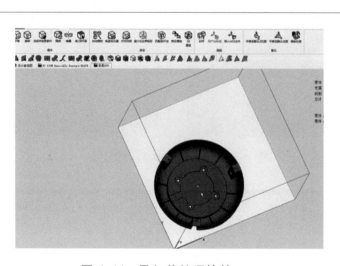

图 4-44　导入前处理软件

导入模型后需要进行检查及修复，导入的模型在"零件工具页"的零件修复信息中显示错误信息，如果数字不为零，则说明零件有问题。此时需要在工具栏"修复"中单击"修复向导"进行自动修复，直到数字为 0 ("壳体"项为 1) 为止，如图 4-45～图 4-48 所示。

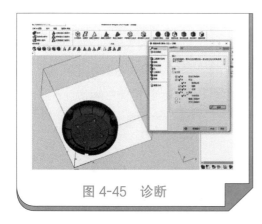

图 4-45　诊断

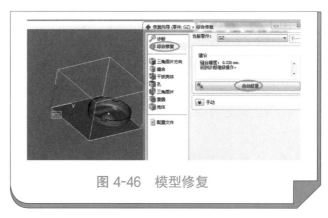

图 4-46　模型修复

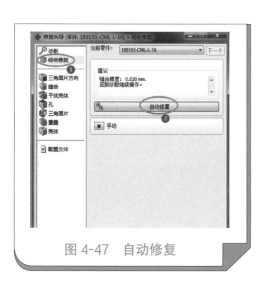

图 4-47　自动修复

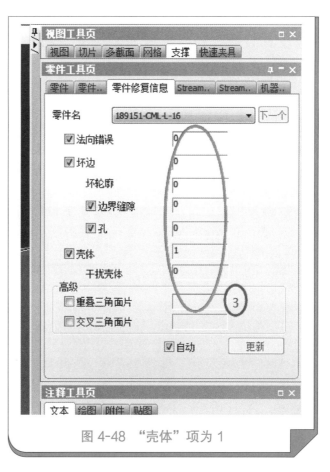

图 4-48　"壳体"项为 1

三、位置摆放

确定摆放位置的主要原则为尽量减少表面台阶纹，并减少模型中的自动支撑，从而降低材料损耗，如层厚不要太大、减少朝下结构等。最后设置底部距离为 5mm，有图 4-49～图 4-51 所示的三种情况，这里采用第三种，因为此方案支撑少、后处理简单。另外，去支撑表面本身就要较多打磨，浪费工时。

图 4-49　第一种情况

图 4-50　第二种情况

图 4-51　第三种情况

四、添加支撑

进入生成支撑模式，单击"生成支撑"选项，系统会自动生产支撑，此时，在"支撑参数"界面会有支撑的相关说明，结果如图 4-52 所示。

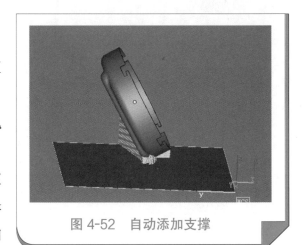

图 4-52　自动添加支撑

如果需要手动添加支撑，只需要在"手动支撑"下选择支撑类型，然后选择需要添加支撑的位置进行添加即可。添加完支撑后，需要退出生成支撑模式。

数据完全设定好后，右下角会显示打印所需时间及消耗的材料重量等数据。

还可以手动添加支撑，如图 4-53 与图 4-54 所示。

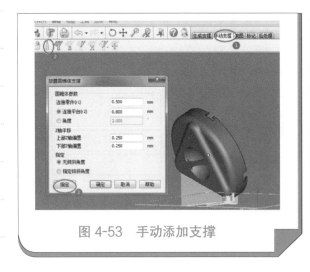

图 4-53　手动添加支撑

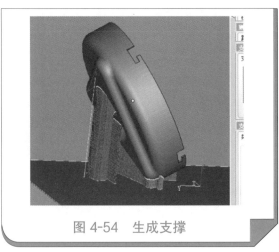

图 4-54　生成支撑

五、切片

生成切片的目的是生成打印所需的 SLC 数据，有两种生成方式。第一种是设置为"切片"，只生成 SLC 数据，可调整切片厚度（通常为 0.100mm）、光斑补偿（通常为 0.060mm ），如图 4-55 所示。

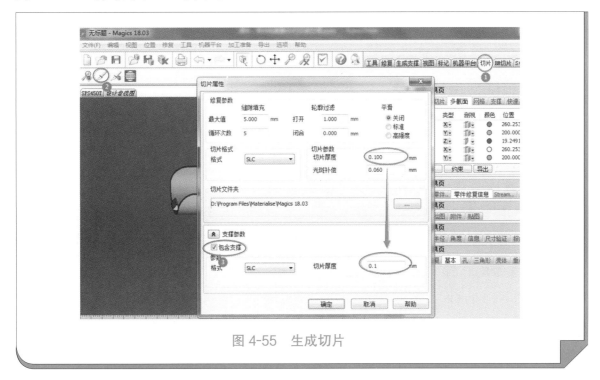

图 4-55　生成切片

　　另一种是设置为"RM 切片"，可以生成 SLC 数据以及以"magics"为后缀的项目文件。可调整层厚（通常为 0.1mm ）、光斑补偿（通常 0.08 或者 0.1mm ）、Z 轴补偿（通常为 0.2mm ）。一般情况下选择"RM 切片"，如图 4-56 所示。

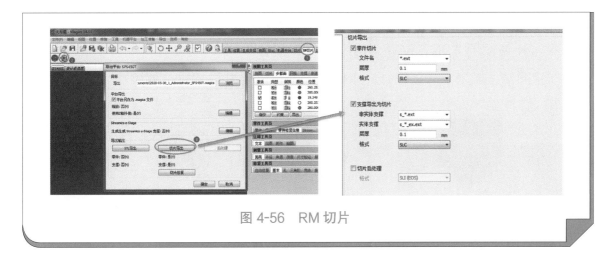

图 4-56　RM 切片

任务小结

　　学生通过对 SLA 成型工艺前处理任务的学习，收集工业级 SLA 工艺修复切片软件 Magics 的相关信息，掌握软件的使用方法；掌握前处理的工作内容、每个内容的操作方法，为后续 3D 打印操作奠定基础。

任务四　雨伞清理筒的 3D 打印成型

 学习目标及技能要求

学习目标：掌握工业级 SLA 3D 打印机的使用方法。

学习重点：工业级 SLA 3D 打印机操作方法。

学习难点：SLA 3D 打印机参数设置方法。

本项目选择中瑞 SLA600 光固化 3D 打印机，成型尺寸为 600mm×600mm×350mm，可以满足雨伞清理筒的打印需求。产品外形如图 4-57 所示。

雨伞清理筒的光固化 3D 打印步骤如下：

1）启动打印机。沿顺时针方向旋转设备背面的电源开关，电源指示灯亮，按下"控制"（Control）按钮，控制系统通电，显示器工作，通常温控器温度设置为 32℃。

图 4-57　SLA600 光固化
3D 打印机

2）按下"激光"（Laser）按钮，激光系统通电，打开激光控制柜，将激光电源控制器的开关置于"ON"位置，钥匙开关旋钮置于"ON"位置。等待 10min 左右，需要注意的是，如果激光器配有冷水机，则应该先打开冷水机，如图 4-58 所示。

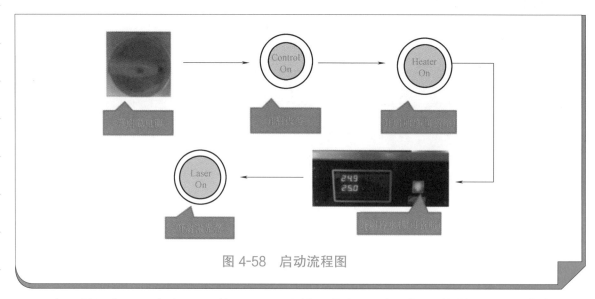

图 4-58　启动流程图

3）开机后，双击桌面上的"Zero"图标（图 4-59），打开软件；然后单击"添加"按钮加载切片完成的 SLC 格式文件，支持多文件添加操作。添加文件所选择的目录必须有实体文件与支撑文件（以"S_"开头的文件），但只需添加实体文件，支撑文件会自动添加，如图 4-60 所示。

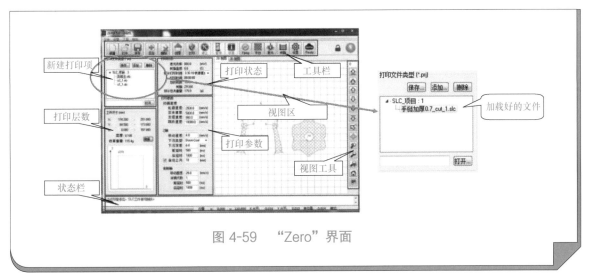

图 4-59　"Zero"界面

图 4-60　添加文件

4）在"工件尺寸"区域，显示工件尺寸及层厚信息，如图 4-61 所示。单击"编辑"按钮，会弹出"编辑"窗口，窗口中的网格对应成型室中的工作台（网板），网格中的方块代表已添加的打印图形文件，可单击图中方块进行位置摆放，如图 4-62 所示。

5）工件摆放后，设置扫描速度、刮板轴及 Z 轴等相关参数，如图 4-63 所示。

6）单击"打印"按钮，弹出"打印"对话框，在其中可以设置"等待时间""开始层数"等，新制作零件从第 0 层开始；如果是停电或人为停止后的恢复制作，需要根据制作记录设置层数，如图 4-64 所示。在 zero.exe 文件的同一目录下有一个名为"buildlog"的文件夹，其中有一个名为"年 - 月 - 日 .log"的文件，打开该文件可以看到上次的打印位置，然后在"开始层数"中输入相应的数值，单击"确定"按钮就可以继续打印。

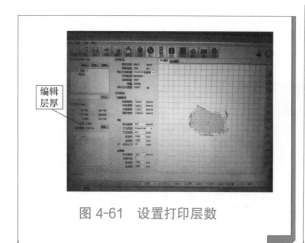

图 4-61 设置打印层数

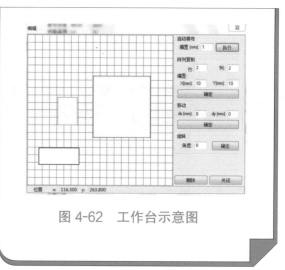

图 4-62 工作台示意图

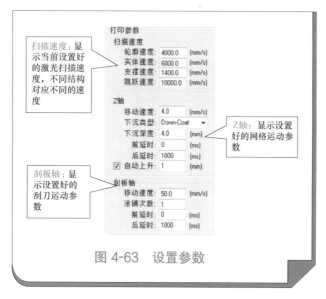

图 4-63 设置参数

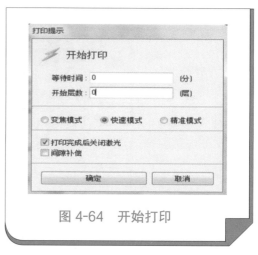

图 4-64 开始打印

可以选择打印模式，共有精细模式、快速模式与变焦模式三种，其中精细模式的打印质量好、花费时间长，变焦模式则相反。

7）制作完成后，蜂鸣器响 10s，工作台稍等片刻后（默认为 10min）自动升起，将打印完成的零件取下进行后处理操作。打印完成后，需要将工作台表面清理干净，避免残留的支撑碎物影响下次打印成型。

🔧 任务小结

学生通过工业级 SLA 3D 打印机操作的学习，收集工业级 SLA 设备相关知识，掌握设置打印前的操作，如添加文件、设置参数等；学习工业级 SLA 设备的操作方法，掌握设备的操作流程。

任务五　雨伞清理筒的 3D 打印后处理

学习目标及技能要求

学习目标：掌握 SLA 成型工艺后处理的内容，掌握各项具体操作。

学习重点：SLA 成型工艺后处理的内容。

学习难点：SLA 工艺中的清洗与取下零件操作。

由于打印材料和打印精度不同，一般需要对 3D 打印制品进行简单的后处理，如去除打印物体的支撑。如果打印精度不够，就会有很多毛边，或者出现一些多余的棱角，影响打印效果，此时需要通过一系列后处理来完善制品。

SLA 3D 打印后处理主要有三个方面的工作，分别是准备工具、取下零件与清洗。

1.准备工具

主要是准备后处理过程中需要使用的工具，包括手套（材质可以是 PE 或 PVC）、装零件的托盘、铲零件的铲刀、清洗零件的酒精、清洗工具软毛刷、气枪（主要用于使酒精挥发）和固化箱（用于固化零部件）等，如图 4-65 所示。

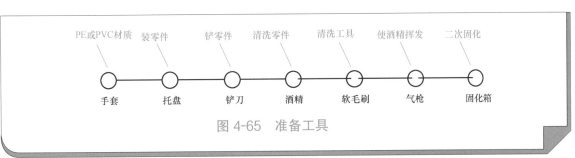

图 4-65　准备工具

2.取下零件

待模型打印完成后，戴着手套，左手扶着零件，右手使用铲刀将零件从底部铲掉，然后将零件放入托盘，零件应侧放，这样有利于树脂的流出，如图 4-66 所示。

3.清洗（图 4-67）

首先将零件浸泡在酒精中，3~5min 后的支撑就会变软（注意：薄壁结构零件不可以浸泡）；然后用铲子、镊子等工具去除支撑，拆除下来的支撑建议单独存放在一个垃圾桶中。用软毛刷刷洗零件表面，清洗三次后，若零件表面不再粘手，则说明已经清

图 4-66　取下零件

洗干净；然后用气枪吹干零件表面的酒精（若零件上有残留的树脂，须刷洗干净），并将零件放入固化箱内进行固化，零件正反面各固化 10~15min，之后再进行后续处理（打磨、抛光等）。

图 4-67　清洗

固化完成后，取出零件放置于工作台上，用裁剪好的砂纸，戴上指套开始打磨。一般情况下，没有特殊要求的模型只需打磨处理支撑面即可。需要注意的是，打磨时要顺着零件的纹路进行，这样零件的表面才能更加光滑。如果需要喷漆上色，或者需要采用电镀等工艺，则应反复打磨，依次使用从粗到细的砂纸目数，逐步提高模型表面光洁度，这样才能得到良好的喷漆效果。后处理用工具如图 4-68 所示。

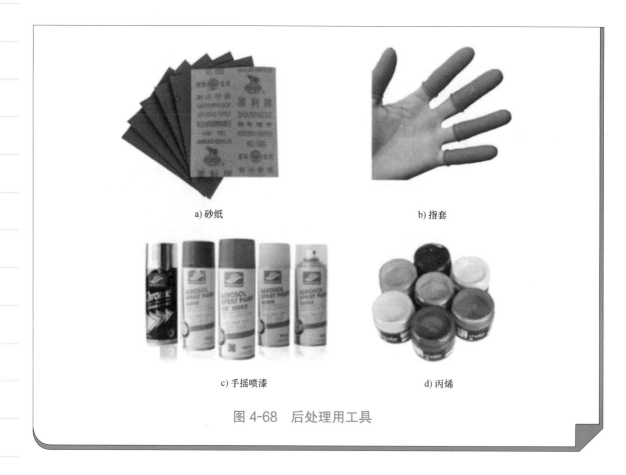

a) 砂纸　　　　　　　　　　　　　　　b) 指套

c) 手摇喷漆　　　　　　　　　　　　　d) 丙烯

图 4-68　后处理用工具

任务小结

学生通过对 SLA 成型工艺后处理的学习，可以掌握 SLA 成型工艺后处理工作流程，完成 SLA 3D 打印后处理工作，为以后从事 3D 打印工作奠定基础。

 项目评价（表 4-1）

表 4-1　雨伞清理筒的创新与 3D 打印项目评价

测试点	配分	评分标准	评分方案	得分	小计
一、设计创意	20	整体协调	设计主题突出，造型、色彩、尺寸、比例协调，符合设计目标要求：18 ～ 20 分（优）		
			设计主题明显，造型、色彩、尺寸、比例等较切合设计目标要求：15 ～ 17 分（良）		
			设计主题基本明确，造型、色彩、尺寸、比例等与设计目标基本搭配：10 ～ 14 分（中）		
			设计主题未体现或不明确，造型、色彩、尺寸、比例混乱：9 分及以下（差）		
	20	功能合理	功能安排合理、尺寸设置合理，使用功能明确并符合设计要求：18 ～ 20 分（优）		
			功能安排、尺寸设置合理，使用功能较合理：15 ～ 17 分（良）		
			功能安排、尺寸设置合理，使用功能基本合理：10 ～ 14 分（中）		
			功能安排、尺寸设置合理，使用功能不合理：9 分及以下（差）		
二、造型及空间关系	20	造型准确、空间透视关系准确	产品空间关系明确，造型准确、生动，形体的透视关系准确：18 ～ 20 分（优）		
			产品空间关系明确，造型准确，形体的透视关系大体正确：15 ～ 17 分（良）		
			产品空间关系明确，造型基本准确，形体的透视关系无明显的错误：10 ～ 14 分（中）		
			产品空间关系明确，造型不准确，形体的透视关系不准确或有明显的错误：9 分及以下（差）		
	10	比例运用合理	比例运用合理：8 ～ 10 分（优）		
			比例运用较合理：6 ～ 7 分（良）		
			比例运用基本合理：2 ～ 5 分（中）		
			比例运用不合理：2 分及以下（差）		

（续）

测试点	配分	评分标准	评分方案	得分	小计
三、渲染及材质表现充分（材料选用合理）	10	质感表现充分，纹理表现自然	质感表现充分，色彩及纹理表现自然：9～10分（优）		
			质感、色彩及纹理表现良好：7～8分（良）		
			质感、色彩及纹理表现一般：5～6分（中）		
			无法表现材质质感与纹理，或表现差：4分及以下（差）		
	10	光感表现合理，投影关系正确	光感表现生动自然，投影处理自然，与物体关系正确：9～10分（优）		
			光感表现良好，投影处理较为得当，与物体关系正确：7～8分（良）		
			光感表现基本合理，投影关系基本正确：5～6分（中）		
			光感表现不合理，投影关系不正确：4分及以下（差）		
四、职业素养	10	工作准备充分，工作程序得当	能够有效维护工位整洁（3分）；工具及资料、作品按照要求摆放处理（2分）；服从相关工作人员安排（3分）；遵守操作纪律与规范（2分）		
合计			100		

项目五 攀岩头盔的创新与 3D 打印

 教学目标

知识目标

1. 了解产品改良设计的概念。

2. 掌握产品调研的方法。

3. 掌握概念、方案设计方法。

4. 掌握手绘创意表达方法。

5. 掌握犀牛软件建模方法。

6. 掌握攀岩头盔功能的实现形式。

7. 掌握结构设计的相关知识。

8. 掌握 3D 打印切片软件的使用方法。

9. 掌握 3D 打印机的使用方法。

10. 掌握 3D 打印后处理方法。

能力目标

1. 能够根据调研进行改良方案设计。

2. 能够根据改良方案进行手绘。

3. 能够根据手绘图进行三维模型建模。

4. 能够根据要求及空间大小合理选择电气零部件。

5. 能够根据要求对攀岩头盔进行结构设计。

6. 能够熟练操作选择性激光烧结 SLS 切片软件。

7. 能够熟练操作选择性激光烧结 SLS 3D 打印机。

8. 能够根据要求对打印的攀岩头盔进行后处理。

9. 能够根据安全使用要求进行有限元分析。

10. 能够根据空间合理设计内部各零部件。

11. 能够合理选择 SLS 3D 打印设备。

职业素质目标

1. 能够在方案设计阶段提出创新方案。

2. 能够和团队成员协商，共同完成产品的制作。

3. 能够在产品设计阶段熟练使用 CAD 软件。

4. 能够运用网络、公众号等平台获得攀岩头盔的相关知识。

5. 能够选择合适的工艺进行打印。

6. 能够在设计头盔主体部分时采用新技术。

7. 能够使用 CAD 软件进行安全性分析。

职业素养目标

1. 具有勤奋学习的意识。

2. 具有设备操作安全意识。

3. 具有团队协作的精神。

4. 具有不畏困难的精神。

5. 具备精益求精的工匠精神。

6. 具备注重产品安全性要求的意识。

任务一　攀岩头盔的工业设计

 学习目标及技能要求

学习目标：掌握对现有攀岩头盔原型进行调研的方法；了解攀岩头盔消费者调查的内容及目的；了解消费者调查中问卷法、访谈法、体验法的优缺点；掌握攀岩头盔的机会分析流程；了解攀岩头盔的设计定位及方法；掌握思维导图的绘制流程及方法；掌握手绘效果创意表达方法；掌握用犀牛软件构建攀岩头盔模型的方法；掌握用 KeyShot 软件渲染的注意要点。

学习重点：现有攀岩头盔调研方法；不同消费者调查方式的优缺点；攀岩头盔的设计定位及方法。

学习难点：攀岩头盔设计定位及方法、思维导图的绘制流程、方法和设计构想。

攀岩头盔产品
因素调研

一、攀岩头盔产品因素调研

1. 课程导入

在大多数情况下，商业价值仍是当下产品设计的本质动力，而立新求异是一种基本的手段和诉求，每家企业都希望创造出有别于竞争对手的新产品。有的"新"可以是更新的、递进的；有的"新"则可以是颠覆性的和打破常规的。无论追求哪种"新"的过程，都是在对现有产品有足够了解的基础上进行的，即现有产品的使用环境、功能等结合新的功能、概念设计出新的产品。

设计师在设计产品之前，对产品原型进行调研是必不可少的，对现有产品有基本的了解是非常有必要的，可以对自己所设计的产品有一定的定位和认知。

2. 产品原型的调研

（1）攀岩头盔形态的调研分析　随着社会的发展，人们的审美观在发生改变，使得攀岩头盔的造型也随之不断变化。如图 5-1 所示，现代安全头盔的造型设计相对独特，通常采用流线型设计，富有科技感，颇受年轻人的欢迎；传统安全头盔造型相对简单，表面没有太多的复杂造型。价格高的安全头盔不一定安全，例如，图 5-1中展现的现代安全头盔，由于透气孔设计得较多，攀岩时可能出现碎石掉落砸伤头部的危险，并且随着使用时间的延长会变得松动。

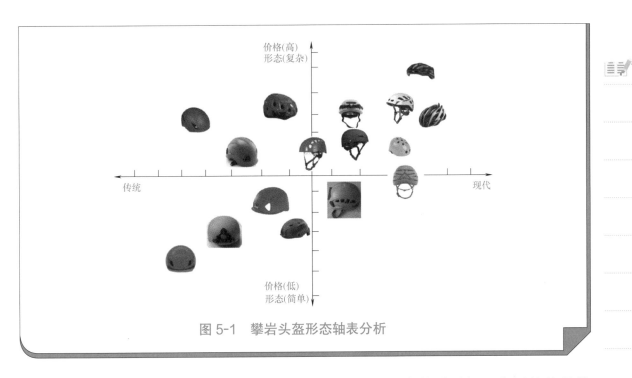

图 5-1　攀岩头盔形态轴表分析

（2）攀岩头盔功能的调研分析　产品的多功能性越来越受重视，发展趋势是从一物一用到一物多用。如图 5-2 所示，传统攀岩头盔相对现代攀岩头盔而言功能单一，从图 5-2 中可以看出，没有功能相对多的传统攀岩头盔。而现代攀岩头盔的设计功能较多，主要以使用功能为主，设计的着眼点是结构的合理性，外观造型则是依附于功能特征来实现的，不过分追求形式，更偏向理性。总的来说，现代攀岩头盔更偏向于一物多用。

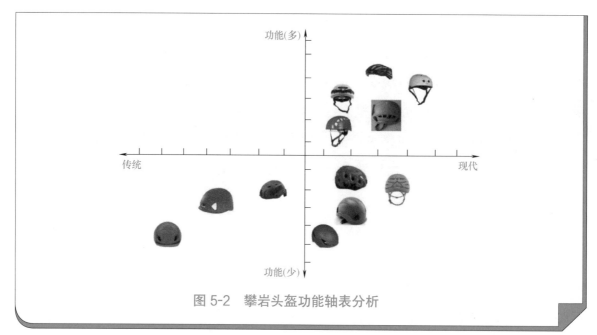

图 5-2　攀岩头盔功能轴表分析

（3）攀岩头盔色彩的调研分析　传统攀岩头盔和现代攀岩头盔相比颜色沉闷，且在户外运动过程中容易与周围环境色彩相融合。而现代攀岩头盔的设计大胆采用亮色：橙色给人的感觉是阳光、温暖、亲和，运用在产品上能给人以柔和的美感；黑白配色所带来的视觉效果使得整个产品风格简洁、大方；红色鲜艳、醒目，能给人以强烈的视觉冲击，以黑色为配色，能够提升产品的沉稳度，如图 5-3 所示。

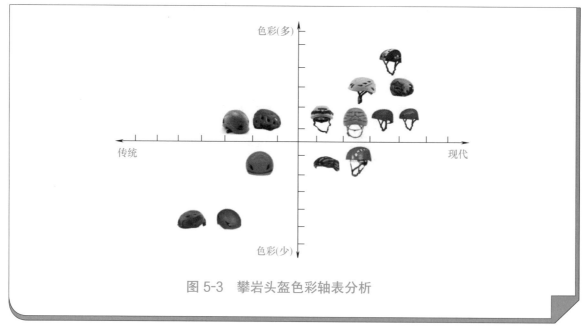

图 5-3　攀岩头盔色彩轴表分析

（4）攀岩头盔流行趋势的调研分析　随着现代科技的飞速发展，人们对产品各个方面的要求都越来越高，想要满足人们的需求，就要不断进行改良与创新。攀岩头盔的流行趋势在于色彩越来越丰富，形态越来越多样化，科技感、线条感越来越突出，如图 5-4 所示。

3. 攀岩头盔的调研分析

依据前期的调研，从形态、功能、色彩三方面总结攀岩头盔的设计方向，如图 5-5 所示。

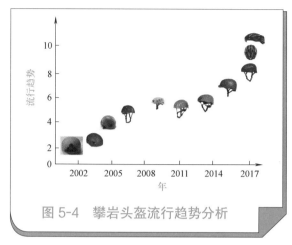

图 5-4　攀岩头盔流行趋势分析

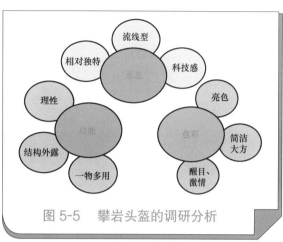

图 5-5　攀岩头盔的调研分析

（1）形态　传统的攀岩头盔采用简约的造型风格，现代的攀岩头盔则采用流线型曲面设计，以增加科技感和时尚感。

（2）功能　人们的生活节奏越来越快，为了减少一些不必要的麻烦，产品设计开始向功能多样性发展，从一物一用逐步变为一物多用。

（3）色彩　色彩在人们的生活中具有重要的作用，直接影响产品的视觉效果。当人们第一次接触某种产品时，对这种产品的注意力只能维持 7s，色彩对人眼的刺激程度达到 67%，可以说，色彩是影响人们购买行为的决定性因素之一。从图 5-3 中可以看出，如今攀岩头盔的配色大部分都是鲜艳的颜色，一是可以激发人们购买该产品的欲望，二是亮色不易与周围的环境色相融合。

二、攀岩头盔消费者调查

消费者调查是对消费者的消费行为进行的调查，被广泛应用于家电、食品、化妆品、日用品等快速消费品和耐用消费品等行业。它是一种综合而有价值的调研，通过消费者调查，企业可以全面掌握消费者需求和建议，从而研发或改进某种产品，使其适应消费者需求。

1. 攀岩头盔的问卷调查

问卷调查最快的方式是通过网络发布调查问卷，被调查对象通过网络填写问卷，完成调查。

（1）问卷制作　调查问卷的基本结构如图 5-6 所示。

攀岩头盔消费者调查

1. 标题	不要简单地采用"问卷调查"这样的标题，否则容易引起被调查者不必要的怀疑而拒答。标题应该尽可能地简明扼要、一目了然，最好能够激发者的兴趣和责任感
2. 说明信	主要用来说明调查的目的、需要了解的问题及调查结果的用途等，还需要对涉及被调查者的隐私信息或商业机密做保密承诺，以争取被调查者的积极参与
3. 填表说明	也称指导语，是用来指导被调查者填答问题的各种解释和说明
4. 正文(调查内容)	调查内容是调查者所要了解的基本内容，是调查问卷中最主要的部分，又称正文部分，同时也是问卷设计的关键部分。它主要是以提问的形式提供给被调查者，这部分内容设计的好坏直接影响整个调查的效果和价值
5. 作业记录	被调查者的信息、调查时间、问卷审核时间等

图 5-6 调查问卷的基本结构

(2) 攀岩头盔调查问卷示例 (图 5-7)

关于合理设计攀岩头盔的调查问卷

尊敬的先生 \ 女士：

您好，感谢您参与攀岩头盔设计调研，为了了解顾客对攀岩头盔市场的需求和满意程度，从而更好地满足市场需求，我们特别开展本次调查，谢谢您在百忙之中抽出时间为我们填写这份调查问卷。

以下每一道题都没有标准答案，请按照您的真实情况填写，在符合您的情况或意见的选项前面打钩，或在"＿＿＿"处填上适当的内容。

1. 您经常参与户外运动吗?
□ 经常
□ 偶尔
□ 几乎不

2. 您认为在户外运动中最需要保护哪个部位?
□ 头部
□ 腰部
□ 手部、腿部

3. 您平时参与户外运动的时候戴安全头盔吗?
□ 有
□ 没有
□ 无所谓

4. 您参与户外运动时会选择哪类安全头盔?
□ 多用型
□ 户外专业头盔
□ 无所谓，戴着舒服就行

5. 您在什么情况下一定会带戴安全头盔?
□ 攀岩
□ 骑行
□ 漂流
□ 露营
□ 徒步旅行
□ 探索
□ 其他

6. 您认为户外安全头盔的外观形态应该是什么样的?
□ 科技感
□ 新潮
□ 实用就行
□ 其他

7. 如果在户外运动过程中遇到突发情况，您会用什么方式向同伴传递信息?

----

8. 您觉得影响户外安全头盔散热的因素是什么?
□ 帽壳材质
□ 帽箍(吸汗带)
□ 帽壳颜色
□ 下颌带
□ 其他

----

9. 您认为现在的户外安全头盔还有什么可以改进的地方?
□ 造型
□ 功能
□ 重量
□ 视野
□ 安全
□ 散热
□ 其他

图 5-7 攀岩头盔调查问卷示例

（3）问卷分析　通过饼状图、树状图等总结得到：在户外运动过程中，大部分用户认为头部是最需要保护的部位，最好佩戴攀岩头盔；在保证安全的基础上，要减轻头盔重量，保证呼吸通畅、视野开阔；可以增加一些附加功能，如呼叫同伴、拍照、摄影等，如图 5-8 所示。

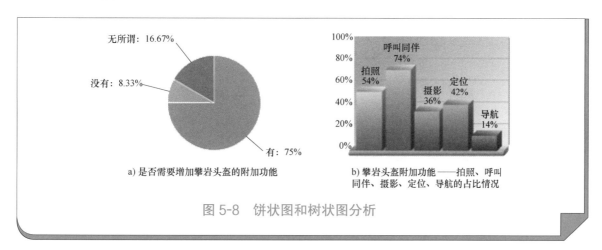

图 5-8　饼状图和树状图分析

2.攀岩头盔的访谈法调研

访谈法是收集原始数据时最常用的方法之一，调查者通过口头或者书面方式向被调查者提问，以了解产品使用情况或探讨产品优化方案。攀岩头盔电话访谈内容和分析结果如图 5-9 和图 5-10 所示。

访谈来源：电话
年龄：28　　性别：男

X：您好，打扰一下，我有几个问题想采访您，请问方便吗？
S：好的，行。
X：您经常参与户外运动吗？
S：喜欢，经常参加。
X：您参与最多的户外运动是什么？
S：攀岩。
X：通常您攀岩前会准备什么东西呢？
S：一些专业的攀岩装备，像安全带、绳索、升降器、户外安全头盔等。
X：在这些专业的攀岩工具中，您认为哪一个是最重要的呢？

S：我觉得都重要，但最重要的是头盔，因为在攀岩过程中，石块会掉落，搞不好会直接砸到头部，那冲击力可想而知。
X：您在攀岩过程中，遇到过突发问题吗？
S：遇到过。
X：方便讲讲是什么突发问题吗？
S：有一次我和两个朋友一起去室外攀岩，攀到一半时，我的安全带刚好卡到了石缝里，上去也不是，下去也不是，我尝试了大声向朋友呼救，但是，由于环境的影响，他们听不见，我只能等，幸好最后有惊无险。

X：如果当时您的朋友从另外一条路线走了呢？
S：对，就是为了预防这种情况，我们在爬之前就说好，要离得近一点。
X：那真的是万幸了，您觉得如果设计一种在遇到紧急情况时可以时刻与同伴保持联系的头盔怎么样？
S：如果有这种头盔的话，对于我来说再合适不过了。
X：谢谢您的配合，打扰了，祝您生活愉快！
S：不用谢。

图 5-9　攀岩头盔电话访谈内容

3.攀岩头盔的体验法调研

将自己视为攀岩头盔的使用者，完整体验使用攀岩头盔的整个过程，从中找到使用痛点，寻找设计机会。可以通过户外运动来体验攀岩头盔的使用效果，如攀岩、骑行等。

01 目前市场上攀岩头盔的主要功能是保护运动者的头部。如果在攀岩过程中遇到突发问题需要求助同伴，而自己刚好独自在半山腰上，目前的解决方案是拉动绳子来传递信息和大声呼救。

02 如果自己突发意外，并且周围没有同伴，应该如何及时求救？

03 现有攀岩头盔只能保护头部免受掉落碎石砸伤，但在实际攀岩过程中很容易擦伤脸部。

图 5-10　攀岩头盔访谈分析

如图 5-11 所示，虽然攀岩运动有一定的危险性和难度，但只要听从培训师的指挥，是比较安全的。在攀岩过程中，当到达半山腰，回头想和培训师交谈时，往下看容易增加恐惧。可见，在攀岩过程中，想时刻与同伴保持联系是一个问题。

图 5-11　攀岩体验

骑行过程中也需要戴安全头盔（图 5-12），但随着骑行时间变长，会感觉安全头盔逐渐变重，汗水会流入眼睛，骑行者不得不停下来休息。当摘下安全头盔时，可以用汗如雨下来形容，严重影响了户外骑行体验。

图 5-12　骑行体验

4.攀岩头盔消费者调查总结

1）攀岩头盔应具备最基本的安全性，在此基础上应设计得更轻便。

2）攀岩头盔的散热要好，除了应注意帽壳的材质与色彩，还要确定吸汗带的材质与设计。

3）攀岩头盔的卡扣结构应简单，应该便于操作且舒适。

4）消费者比较注重攀岩头盔的附加功能，如呼叫、定位、拍照、摄像等。

三、攀岩头盔产品机会分析与定位

攀岩头盔的产品机会分析

1.攀岩头盔的机会分析

攀岩头盔的机会分析主要是从前期调研分析、使用环境因素分析和科学技术分析三个方面展开，如图 5-13 所示。

图 5-13　攀岩头盔的机会分析

（1）前期调研分析　现有攀岩头盔的特点是功能单一、重量大、安全性差。目前市场上攀岩头盔的主要功能是保护运动者的头部，针对户外运动中遇到突发问题时需要求助、定位的情况，攀岩头盔是否可以开发一些附加功能，如呼叫、定位、拍照、摄像等。

例如，攀岩头盔可以直接通过语音命令开灯、关灯、对讲、拍照、摄像等，极大地解放双手，使用户获得良好的使用体验；增加撞击检测和智能求救功能，在用户失去意识的情况下，系统可以自动通过蓝牙连接手机，并将定位信息发送给紧急联系人。

（2）使用环境分析　进行户外运动时，遇到自然环境的意外或者因环境突变而产生灾害导致运动者受伤，这些都是无法预料的，需要通过自我保护或者借助安全装备来预防意外的发生。

自然因素：主要为户外运动时所遇到的恶劣的自然环境、气候问题。

人为因素：主要是个人所选择攀岩头盔质量的好坏，以及是否使用了户外运动专用设备。

（3）科学技术分析

新科技：①把对讲机功能纳入攀岩头盔中，运动过程中可以时刻与同伴保持联系或者联系救援人员；②在攀岩头盔中设置定位仪，目的是在突发状况（掉落、身体突然不适、岩石掉落砸伤等）下，救援人员可以在第一时间获得事发位置。

新材料：①攀岩头盔外壳材料采用 ABS+PC（聚碳酸酯），其物理性质为无色透明，耐热、抗冲击，阻燃；②攀岩头盔内壳采用 EPS（聚苯乙烯），它是一种热塑性材料，经加热发泡后，每立方米体积含有 300～600 万个独立密闭气泡，内涵空气体积在 98% 以上，由于密度可低至 $10～30kg/m^3$，因此是当前最轻的材料之一。

新工艺：注射成型、一体成型、吸塑成型、吹塑成型、搪塑成型以及机械成型。

2. 设计定位

设计定位即针对机会缺口进行取舍，力图解决 1～2 个产品缺口问题。

1）人群定位：户外运动爱好者，如攀岩、骑行、漂流、露营、徒步旅行等。

2）环境定位：户外环境。

3）产品形态：简洁大方、实用、散热性好等。

4）主要功能定位：保护头部。

5）附加功能：呼叫、定位、拍照、摄像、求救等。

3. 思维发散

确定关键词，运用思维导图进行思维发散与设计点提取，如图 5-14 所示。

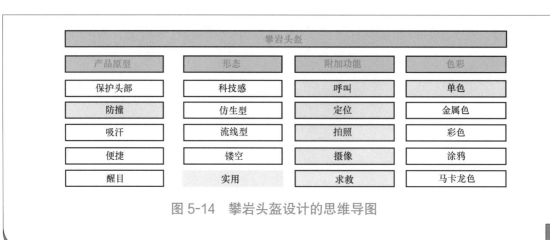

图 5-14　攀岩头盔设计的思维导图

4. 概括概念、方案构思（图5-15）

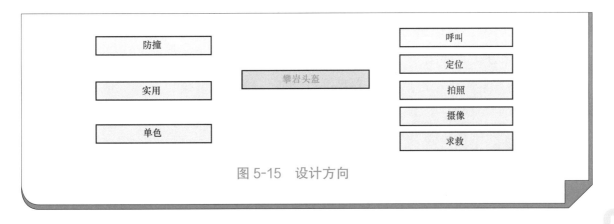

防撞			呼叫
实用	攀岩头盔		定位
单色			拍照
			摄像
			求救

图 5-15　设计方向

四、攀岩头盔手绘创意表达

产品设计是一门运用科学与艺术手段进行产品创造的综合性学科，其通过线条、符号、数字、色彩等将产品呈现在人们面前。产品设计分为多个环节，产品手绘创意表达是其中的重要环节，对产品设计的最终效果有很大影响。

1. 产品手绘创意表达的学习方法

学习手绘创意表达时，首先从临摹开始，在对产品形态有一定把握时再进行写生和默写。

（1）临摹　临摹优秀作品是初学者对他人经验、技巧等最直接和有效的学习方法之一。

（2）写生　它是检验学习者对产品把握能力的基本方法，大量的写生实践可以锻炼和提高自身对产品形态的把握能力。

（3）默写　它可以锻炼学习者的记忆力以及对物体形态特征和结构的把握能

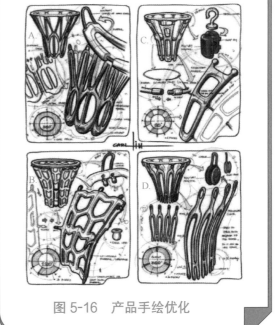

图 5-16　产品手绘优化

力，对于初学者而言是一种必要的手段。在平时的生活中，要多观察周围的事物，善于发现，多动手、勤动脑。

2. 不同阶段的手绘

在设计公司中，设计团队一般会从数十乃至上百张设计草图中选择3～5个设计方案进行优化，这一过程可以分几个阶段去完成，每个阶段达到不同的目标，具体如下：

141

1）概念草图阶段。绘制 10 个以上的铅笔草稿，确定设计点和概念方向。

2）优选阶段。从草图中确定 3 个方案，深入完善，提交初稿进行审核。

3）优化阶段。从优选方案中选择一个方案，进一步探讨细节，针对不同的细节制定若干优化方案，如图 5-16 所示。

4）最终方案。确定最后的细节并进行完善，校对、审核、微调完成后提交最终效果图。

3. 攀岩头盔案例讲解

（1）攀岩头盔的草图方案

草图方案一：攀岩头盔的帽壳采用一体式流线形设计，阻力较小；两边保护耳朵的部分设计了可活动的卡扣，方便攀岩头盔的佩戴与摘取，只要把这两个活动的卡扣掰开就很容易戴上或取下，同时在收纳攀岩头盔的时候，也可以把下颌卡扣带收到两边，如图 5-17 所示。

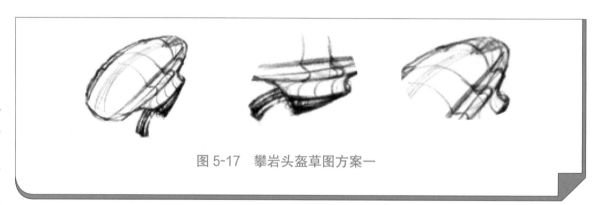

图 5-17　攀岩头盔草图方案一

草图方案二：攀岩头盔的整体形态延续了方案一中的流线形外轮廓线条，在流线形帽壳边缘增加了一些透气孔，方便散热；增加了附加功能，在耳朵的位置增加了对讲机，可以调节音量，方便与同伴联系和请求救援，如图 5-18 所示。

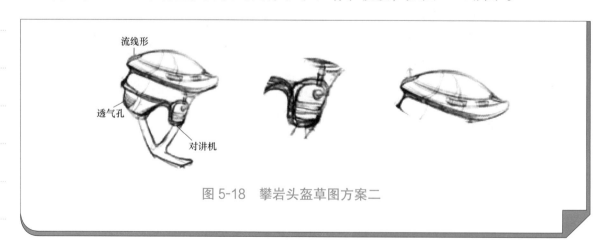

图 5-18　攀岩头盔草图方案二

草图方案三：攀岩头盔的整体形态延续方案一中的流线形外轮廓线条，但不是扁平的线条，而是贴合使用者头部的线条，这样更加符合人体工程学；在流线形帽壳边缘增加了一些透气孔，方便散热；内壳采用吸汗的材料且包裹性比较好。设计重点在附加功能上，在帽壳前面增加了照明、定位、拍照、摄影等功能，同时两侧也有对讲功能、音量调节功能等，如图 5-19 所示。

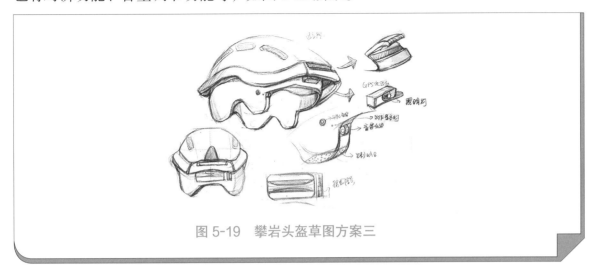

图 5-19　攀岩头盔草图方案三

　　（2）攀岩头盔的最终方案　最后在三个优选方案中选择了方案三。下一步是将草图方案细化，然后通过最终效果图将攀岩头盔的材质、颜色、结构等更加详细地表达出来，例如，可以通过爆炸图对结构进行分解，这也给建模提供了思路，如图 5-20 所示。

图 5-20　最终方案

五、攀岩头盔的建模与渲染

1. 攀岩头盔的建模

1）外壳建模。以帧平面导入图片，使用内插点曲线绘制外形，绘制曲线后镜像出另一条曲线，使用放样工具依次单击三条曲线得到曲面，对曲面进行偏置，最后通过不等距圆角功能得到顶部外壳，如图 5-21 所示。

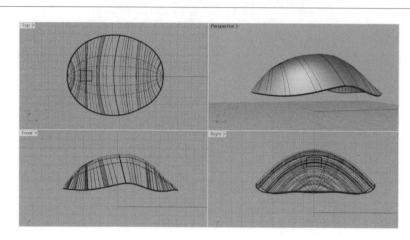

图 5-21　攀岩头盔外壳建模

2）内衬建模。将之前绘制的曲线进行直线挤出并偏置，调整大小、位置，绘制曲线并偏置部件进行布尔运算分割，删除多余部分，对最终部件进行不等距倒圆角，得到最佳效果，如图 5-22 所示。

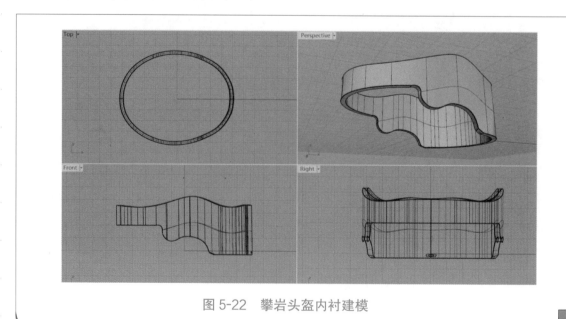

图 5-22　攀岩头盔内衬建模

3）探头建模。在顶部画一个矩形并挤出封闭的平面曲线，与头盔顶部曲线进行布尔运算联集。在正面画凹槽线条并挤出封闭的平面曲线，与矩形进行布尔运算差集，得到凹槽部分，然后在凹槽表面打洞，如图 5-23 所示。

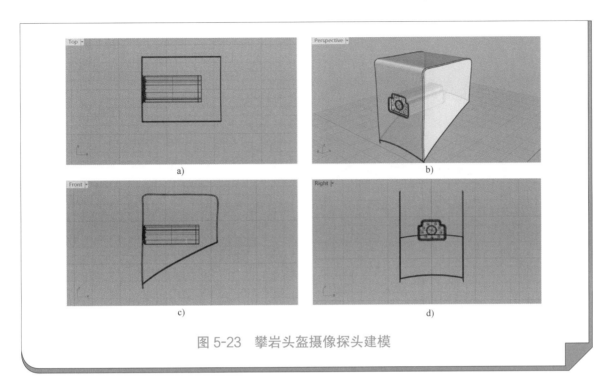

图 5-23　攀岩头盔摄像探头建模

4）束缚带建模。运用多重直线和控制点曲线绘制侧面线条，绘制完成后挤出封闭的平面曲线，再进行简单的修剪即可得到此部分。从头盔边缘拉出线条，运用多重直线绘制并投射，然后对投影曲线进行拉伸。对两个拉伸曲面进行布尔运算交集，如图 5-24 所示。

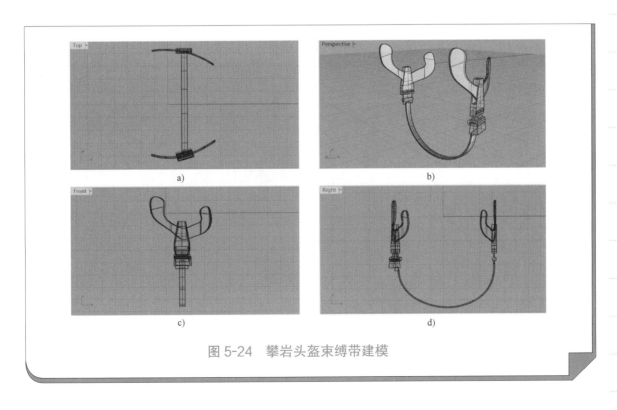

图 5-24　攀岩头盔束缚带建模

5）保护套建模。绘制圆角矩形并挤出封闭的平面曲线，连接两边并绘制弧线，运用放样工具得到相应曲面，如图 5-25 所示。

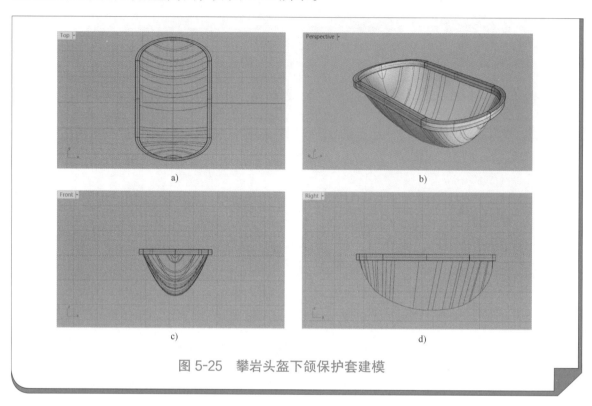

图 5-25　攀岩头盔下颌保护套建模

2. 攀岩头盔的渲染

1）导入文件。最快捷的方式是直接将犀牛软件模型文件导入 KeyShot，导入的模型是没有材质的，所以是一个黑色的产品外轮廓，如图 5-26 所示。

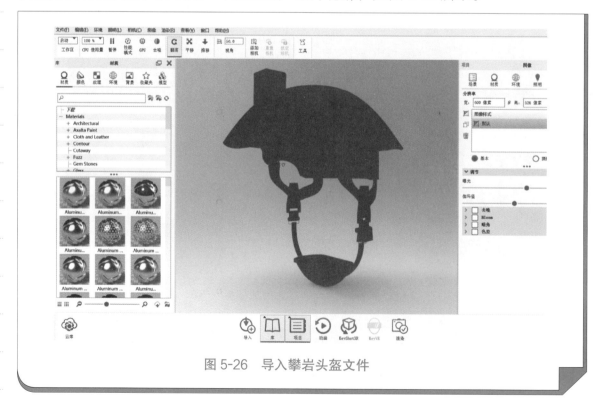

图 5-26　导入攀岩头盔文件

2）选择材质。在界面左侧的材质库中选择材质和颜色，在右侧编辑栏中编辑颜色和表面粗糙度等，如图 5-27 所示。

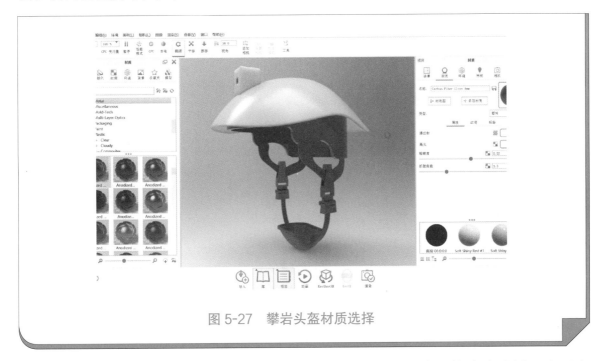

图 5-27　攀岩头盔材质选择

3）HDR 环境设置。攀岩头盔的使用环境是户外，所以在环境库中选择一个匹配的户外环境，在右侧编辑栏里调整环境光的方向、亮度等，如图 5-28 所示。

图 5-28　攀岩头盔环境设置

4）制作产品样品模型一般采用纯色背景，如果需要纯色背景，直接在右侧编辑栏的背景设置中选择相应的颜色即可，然后微调产品细节，使其与背景相匹配，如

图 5-29 所示。

图 5-29　攀岩头盔背景设置

5）根据样品模型要求渲染结构细节，用于更详细的介绍产品，如图 5-30 所示。

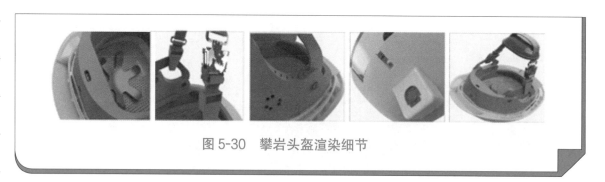

图 5-30　攀岩头盔渲染细节

任务小结

学生总结攀岩头盔工业设计部分所学的主要内容：攀岩头盔的产品原型调研方法；从形态、功能、色彩等进行产品分析；以"攀岩头盔"为例问卷法、访谈法、体验法的实施；不同的草图类型；攀岩头盔的设计构想表达；攀岩头盔案例的建模和渲染步骤。

任务二 攀岩头盔的元器件选型

学习目标及技能要求

学习目标：了解语音识别的相关知识，掌握语音识别模块的电路设计。

学习重点：语音识别模块的电路设计。

学习难点：语音识别模块的电路设计。

传统头盔主要用于减少头部受到撞击时的伤害。在此基础上，通过增加语音识别功能、语音对讲功能、撞击检测功能、蓝牙通信功能、GPS功能，则可以大大丰富和扩展撞击后续的自救功能，使头盔更加智能化。因此，需要了解语音识别功能以及语音识别芯片LD3320的电路设计，从而完成智能头盔的设计制作。

语音识别是近年来兴起的一门技术，主要研究目标是使机器听懂人类的语音指令。常见的语音识别流程如图5-31所示。

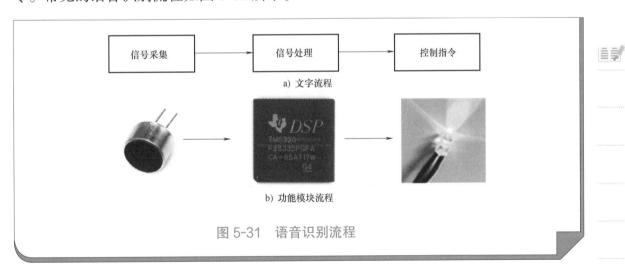

图 5-31　语音识别流程

咪头传感器采集语音信号并通过前端处理消除部分噪声，DSP芯片对采集的语音信号进行处理，通过特征提取与保存的数据库进行比对，得出采集到的语音指令，最后根据程序设计，按照该指令输出对应的控制信号。语音识别主要包括三个环节：

（1）前端处理　对原始语音进行处理，消除部分噪声及不同说话人带来的影响，尽可能获得反映语言的本质特征。

（2）特征提取　将语音信号分解成若干小段进行声学特征提取，通过声学模型和语言模型获取最大概率的文字信息。

（3）系统实现　为系统获得足够多的数据进行训练。根据特定系统（如订票系统、数据库检索系统等）专门定制相应的常用指令库。

本节以 LD3320 语音识别芯片为例。该芯片内部集成了语音识别功能函数，只需要通过 MCU 将关键词语拼音串，以设置寄存器的方式传入 LD3320 芯片中，即可实现语音识别功能。该芯片真正实现了单芯片语音识别解决方案，其内部集成了高精度 A/D 和 D/A 接口，不需要任何外接辅助芯片如 FLASH、RAM 等，而且内置关键词语列表可以任意编辑。LD3320 语音识别芯片的开发流程如图 5-32 所示。

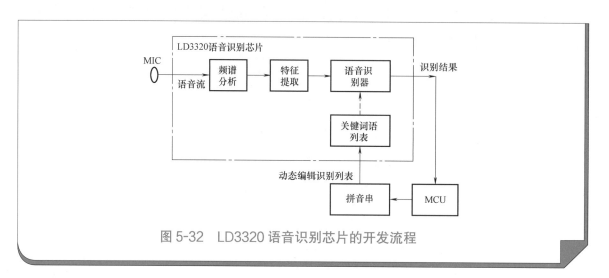

图 5-32　LD3320 语音识别芯片的开发流程

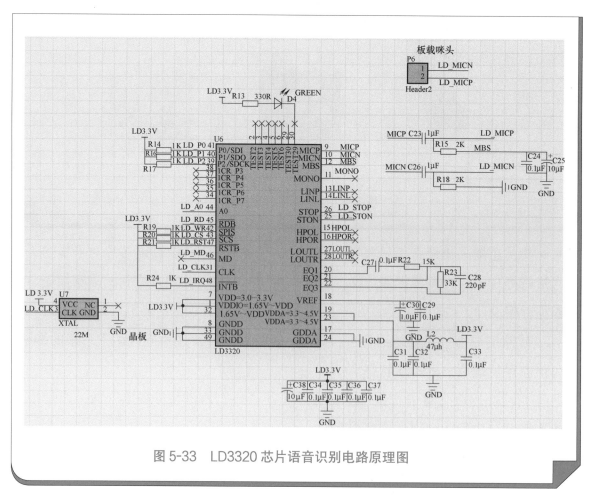

图 5-33　LD3320 芯片语音识别电路原理图

MIC 传感器可以直接接入 LD3320 芯片，在芯片内部完成对语音流的频谱分析及特征提取，语音识别器完成语音识别并输出识别结果。在设计电路时，可充分参考公司提供的芯片 DEMO 板中的解决方案。

LD3320 芯片语音识别电路混合了模拟信号和数字信号，而稳定的模拟电源电压对语音信号的前端处理十分重要。LD_3.3V 电压信号经过由 L2 及 C32、C33 构成的 LC 滤波器后，再输入到芯片的模拟电压 VDDA 输入端。咪头 MIC 传感器信号两个输入端分别经过 C23、C26 及 R15、C24、C25、R18 滤波后接入 LD3320 内置的语音信号采集端。参考芯片的数据手册，完成如图 5-33 所示电路图的设计。

 任务小结

　　学生参考官方文档完成电路原理图的设计后，根据智能头盔的结构要求完成 PCB 设计，制作 DEMO 板完成产品功能测试。如何根据产品需求设计出满足功能要求的电路板，是开发创意产品过程中最常见的问题。这要求开发者具备基本的电子技术知识。因此，在日后的工作中，需要掌握这种科学的步骤和方法，才能不断提升产品电路设计能力，为以后从事电子产品开发奠定基础。

任务三　攀岩头盔的结构设计

 学习目标及技能要求

　　学习目标：掌握攀岩头盔结构设计的流程，选择合适的方法进行结构设计。掌握布局、拆分及固定连接的基本原则，包括外形重构方法、固定连接方式等。

　　学习重点：结构设计的流程。

　　学习难点：结构布局、结构拆分、结构连接与固定。

一、外形重构

　　结构设计的主要内容是设计实现产品功能的结构，包括壳体间、壳体与内部零部件间的结构关系等。进行结构设计之前，需要确定产品的外形，攀岩头盔外形渲染图如图 5-34 所示。

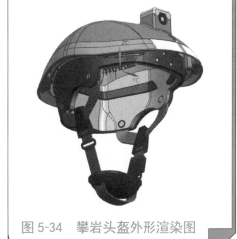

图 5-34　攀岩头盔外形渲染图

攀岩头盔外形重构

（1）第一种方法　使用工业设计得到的图片，以光栅图像的形式直接导入 NX 软件中。在绘制草图前，需要确定图片中的产品尺寸与实物尺寸的比例是 1∶1，如果不是需要进行调整，如图 5-35 和图 5-36 所示。

然后绘制草图，使用"艺术样条"中的"通过点"命令描线，把产品的轮廓线勾勒出来，最后通过"扫掠"或"曲线网格"命令把线转化为面，如图 5-37 和图 5-38 所示。

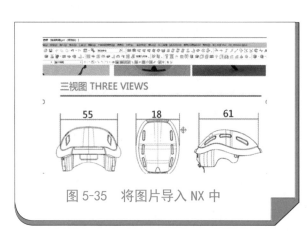

图 5-35　将图片导入 NX 中

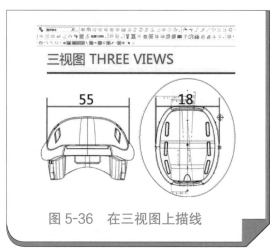

图 5-36　在三视图上描线

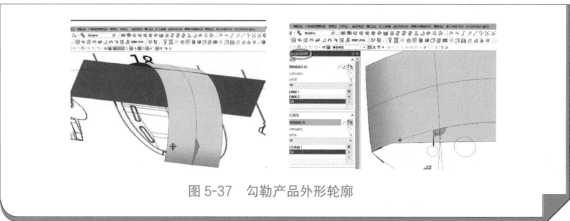

图 5-37　勾勒产品外形轮廓

（2）第二种方法　将犀牛软件模型文件数据导出为失参模型文件格式，然后将此文件导入 NX 软件中，导入时选择坐标系和曲面，在导入的失参模型的基础上勾勒产品外形，如图 5-39 和图 5-40 所示。这时有两种勾勒外形的方式：

第一种方式是参照失参模型，基于不同的基准平面，使用"艺术样条"命令把攀岩头盔的轮廓线勾勒出来，勾勒的过程中应尽量与参照模型一致，构建曲面，最后完成外

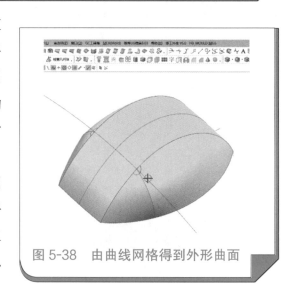

图 5-38　由曲线网格得到外形曲面

观参数化模型，如图 5-41 所示。

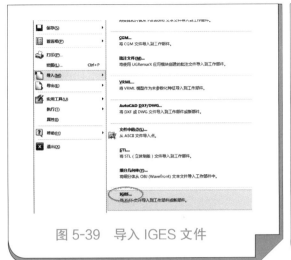

图 5-39 导入 IGES 文件

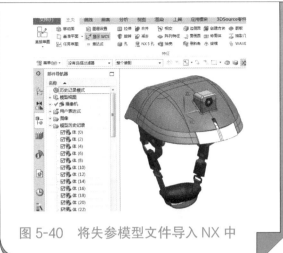

图 5-40 将失参模型文件导入 NX 中

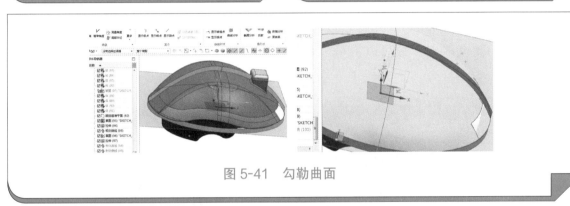

图 5-41 勾勒曲面

第二种方式是参照失参模型，使用"抽取曲线"命令从失参模型上抽取轮廓线，然后使用"桥接"命令完善轮廓线，最后通过"扫略"或"曲线网格"命令将线生产面，完成头盔外观参数模型，如图 5-42 和图 5-43 所示。

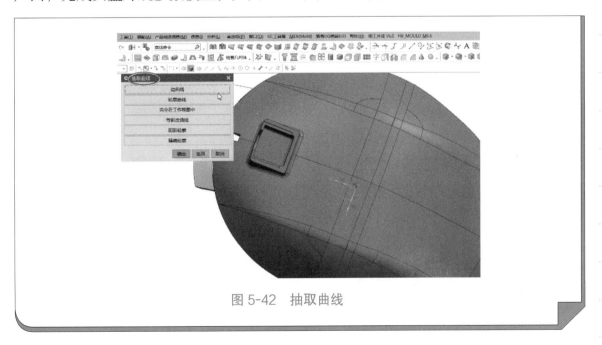

图 5-42 抽取曲线

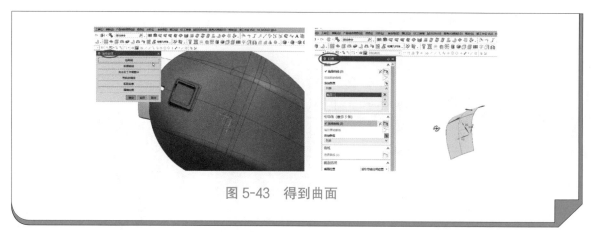

图 5-43 得到曲面

二、产品结构拆分

产品外观模型的结构拆分应遵循一般原则：根据产品表面工艺或配色要求拆出不同零部件。攀岩头盔外观模型中的头盔主体、内衬、左右护翼、遮阳板及摄像头盖等有明显的颜色区别，故可以拆分成不同零部件，如图 5-44 所示。也可以根据装

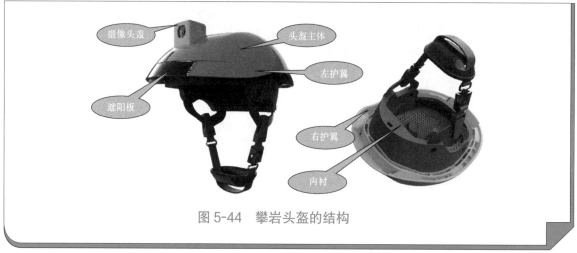

图 5-44 攀岩头盔的结构

配的先后顺序及功能特点进行拆分：首先确定头盔主体，在头盔主体上安装内衬零部件，然后拆分左右护翼，接着拆分遮阳板及摄像头盖。需要注意的是，电路板安装在两个内衬之间，此工作可先完成。

使用三维 CAD 软件进行产品外观模型设计时常用自顶而下设计方法：先规划整个产品结构，再往下做细节设计，先有组件，然后有下级子件，有明显的结构树，这样更能体现设计者的设计意图，如图 5-45 所示。

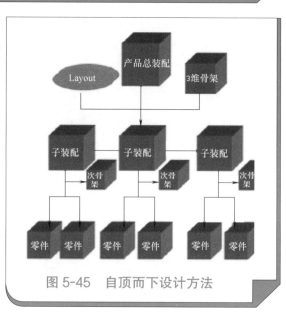

图 5-45 自顶而下设计方法

154

使用"WAVE"命令可以实现自顶而下的设计，可以从装配中的任意一个其他部件相关地复制或连接几何体到工作部件，并利用它作为参考来构建几何体。当源几何体改变时，连接的几何体将被自动更新，使设计、更改变得更容易、更经济，以维持设计的完整性和意图，如图5-46所示。

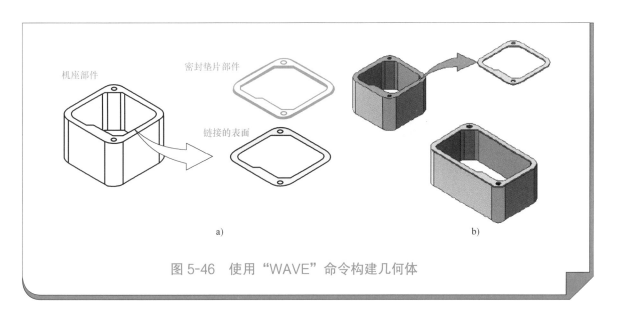

图 5-46 使用"WAVE"命令构建几何体

攀岩头盔拆件步骤如下：

1) 打开"攀岩头盔"外形模型文件，在"装配导航器"中右键单击"攀岩头盔"，在弹出的对话框中选择"WAVE"下的"新建级别"，如图5-47所示。

2) 单击"指定部件名"，在源文件"攀岩头盔"保存目录下新建"头盔主体"模型文件，然后在"类选择"中选择"攀岩头盔"实体文件、坐标系及拆分曲面，如图5-48所示。

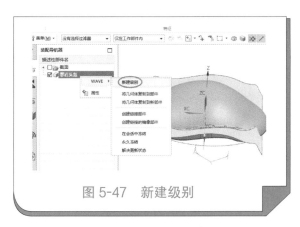

图 5-47 新建级别

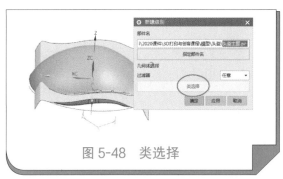

图 5-48 类选择

3) 在"攀岩头盔"结构树下，单击"头盔主体"，右键单击选择"设为显示部件"，然后应用"修剪体"命令，把"头盔主体"拆分出来，如图5-49所示。

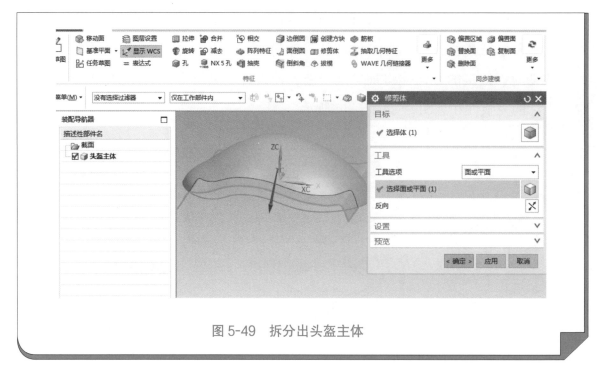

图 5-49　拆分出头盔主体

4）按照相同的方法，拆出"左护翼""右护翼"及"遮阳板"等，完成对攀岩头盔外形的拆分。最后将各拆分部分以不同颜色显示，如图 5-50 所示。

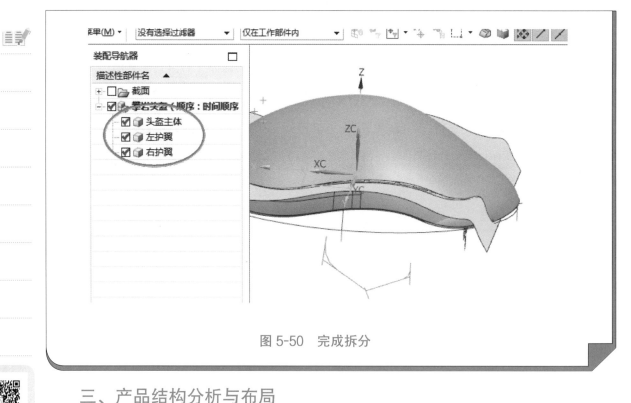

图 5-50　完成拆分

攀岩头盔结构
分析

三、产品结构分析与布局

攀岩头盔的内部结构：

如图 5-51 所示，攀岩头盔内部结构有电路板、内衬、左右护翼、摄像头座、LED 灯座等。

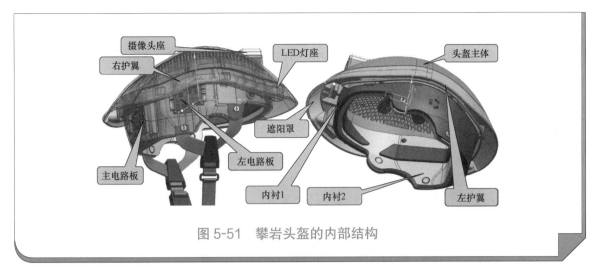

图 5-51 攀岩头盔的内部结构

对于一般的产品，涉及结构关系的零部件主要有前壳与底壳、壳体与装饰件等。结构设计就是要将这些有相互关系的零部件组合起来，形成一个完整的产品。这些零部件之间应连接、固定可靠，有运动功能的要求运动顺畅。

壳体之间的结构关系主要是连接与固定，其中包括止口设计、螺钉柱设计、卡扣设计等。内部零部件的结构关系同样是连接与固定，具有运动功能的产品应用比较多的是齿轮传动、齿轮齿条传动等。

攀岩头盔的结构分析及布局步骤如下：

（1）PCB 电路板的预装 攀岩头盔共有四个电路板，即主电路板、左右电路板和 LED 灯控制电路板。通过头盔主体内侧的五个限位柱对主电路板进行限位，其装配是在前后方向上直接扣上去，并通过内衬 1 与内衬 2 的连接来实现固定。LED 灯控制电路板位于头盔的前部，其固定方式与主电路板相似。此外，在头盔主体上需要设计出开关与充电插口的空间。主电路板与头盔主体之间的连接如图 5-52 所示。

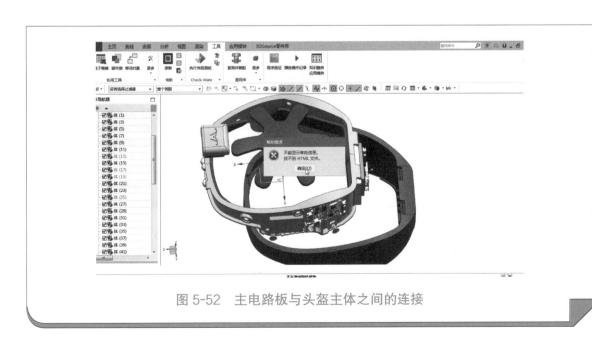

图 5-52 主电路板与头盔主体之间的连接

左右电路板分别通过内衬 2 上的四个限位柱以及内衬 1 与内衬 2 的固定来实现限位和固定，如图 5-53 所示。

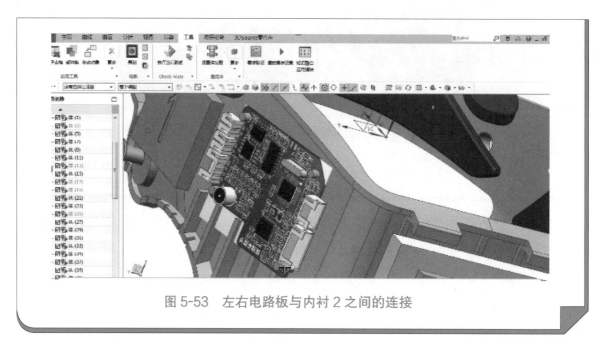

图 5-53　左右电路板与内衬 2 之间的连接

（2）内衬 1 与内衬 2 的连接　将内衬 1 与内衬 2 装配起来，通过内衬 1 前后各两个公扣与内衬 2 前后各两个母扣进行固定，如图 5-54 所示。

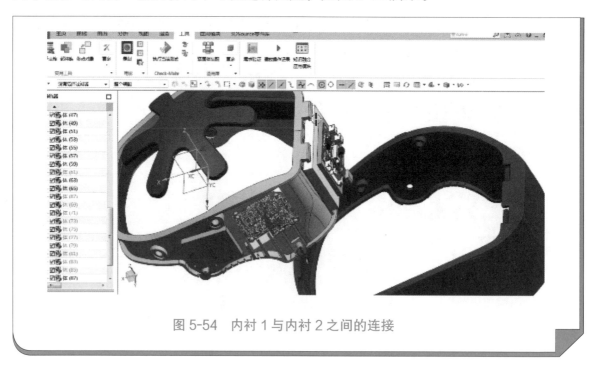

图 5-54　内衬 1 与内衬 2 之间的连接

（3）内衬 1 与头盔主体的连接　将内衬 1 上的六个嵌块直接嵌入头盔主体对应的空隙中，实现二者的连接与固定，如图 5-55 所示。

（4）左右护翼与主体之间的连接　左右护翼是通过卡扣和导向限位柱与主体之间实现连接与固定的，如图 5-56 所示。

图 5-55　内衬 1 与头盔主体之间的连接

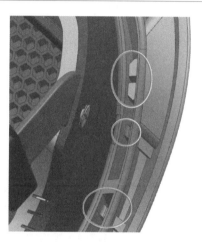

图 5-56　左右护翼与主体之间的连接

（5）遮阳板与主体之间的连接　头盔的前部有一个遮阳板，通过转轴来实现与主体之间的连接，如图 5-57 所示。

图 5-57　遮阳板与主体之间的连接

（6）摄像头与摄像头盖的安装 摄像头盖是推拉式的，装入摄像头后，把摄像头盖沿着导轨推入，采用紧配合的方式防止摄像头盖滑出，如图 5-58 所示。

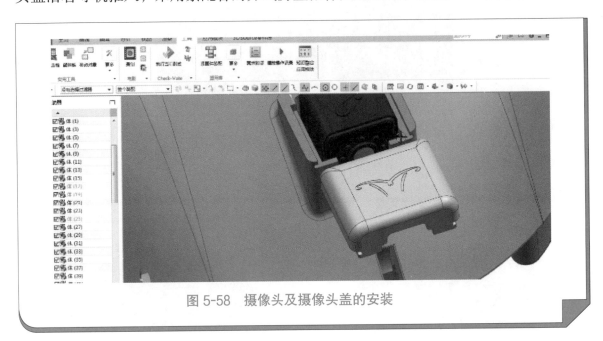

图 5-58 摄像头及摄像头盖的安装

 任务小结

学生通过攀岩头盔结构设计任务的学习，可以掌握产品外形重构的流程与方法、三维零部件布局及拆分原则与方法、产品各零部件间的连接与固定原则与方法等方面的知识，能够从事产品结构设计的相关工作。

任务四 攀岩头盔的 3D 打印前处理

 学习目标及技能要求

攀岩头盔 3D
打印前处理

学习目标：掌握 SLS 成型工艺前处理的内容，选择正确的摆放位置，能够使用前处理软件完成模型前处理工作。

学习重点：SLS 成型工艺前处理内容。

学习难点：使用前处理软件处理模型。

一、三维建模

攀岩头盔三维建模的方法与前述项目相同，此处不再赘述。

三维建模完成后，将模型转成切片软件可以识别的 STL 格式文件，导出时 NX 转换精度设置中"三角公差"与"相邻公差"均为 0.01mm，如图 5-59 所示。

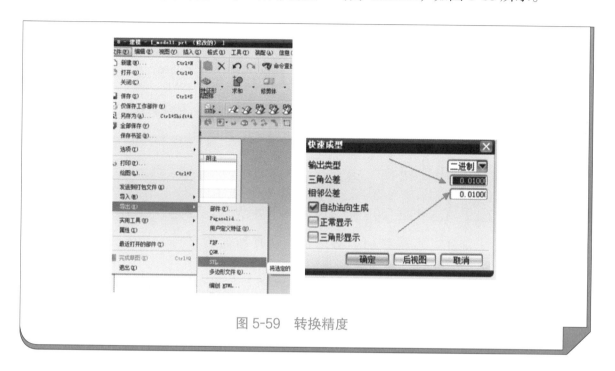

图 5-59　转换精度

二、网格修复

将构建好的模型三维 CAD 数据导出为 STL 格式文件，然后在 Magics 切片软件中导入该 STL 文件。

导入模型后，需要使用 Magics 软件进行模型检查及修复。导入的模型在"零件工具页"的零件修复信息中显示错误信息，如果数字不为零，则说明零件有问题。此时需要在"修复"工具栏中单击"修复向导"按钮进行自动修复，一般人员常使用"综合修复"功能，其中公差设置为 0.1mm；专业人员常使用逐项修复，如分别修复三角面片方向、孔及壳体等，如图 5-60～图 5-63 所示。

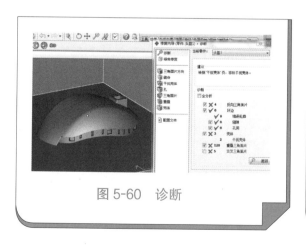

图 5-60　诊断

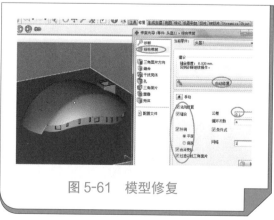

图 5-61　模型修复

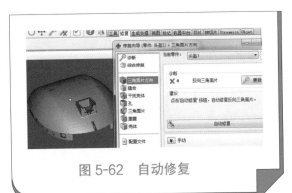

图 5-62　自动修复

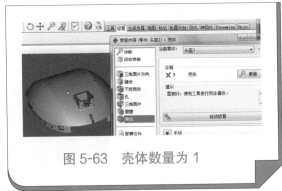

图 5-63　壳体数量为 1

使用预处理软
件 BuildStar
排包

三、构建产品工作包

双击桌面上的"BuildStar"图标，进入软件主界面，如图 5-64 所示。选择"首页→改变材料"，显示"选择材料"对话框，选择所需的材料，如图 5-65 和图 5-66 所示。

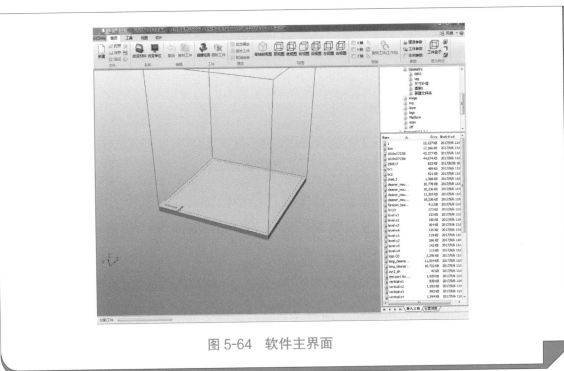

图 5-64　软件主界面

图 5-65　改变材料

图 5-66　选择材料

四、工件排序

在"导入工件"任务栏中双击所需成型的 STL 文件，将其添加到软件建造区内，如图 5-67 所示。零件大小不能超过立方体外围虚线。这时可以用鼠标配合窗口的几个视角按住左键拖动零件进行排列摆放，确保零件与零件的间距不小于 2mm。排包的原则是尽可能多地在一个包里排布零件，以提高利用率、降低成本。

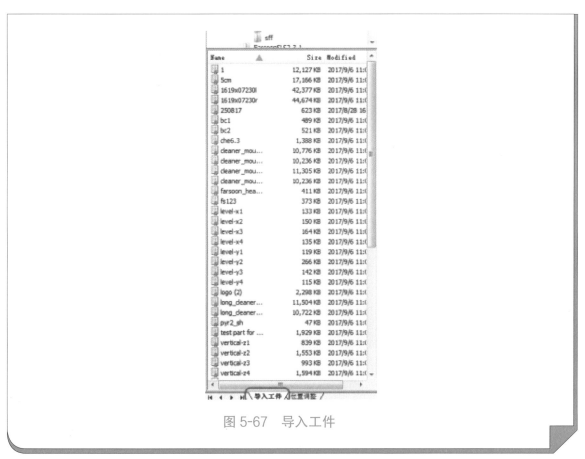

图 5-67　导入工件

排包案例如图 5-68 和图 5-69 所示。

图 5-68　排包案例一

图 5-69　排包案例二

五、碰撞检测及验证

单击"碰撞检测"按钮，如果存在碰撞，在右侧界面会显示碰撞信息，即工件间的距离应不小于 2mm，这时需要根据提示信息重新排布零件的位置，并再次进行碰撞检测。如果没有碰撞，则单击"验证"按钮，将零件包整体保存为 BPF 格式文件，如图 5-70 所示。

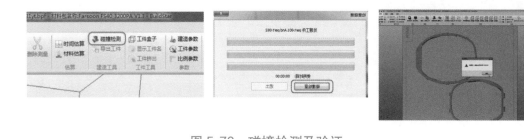

图 5-70　碰撞检测及验证

使用预处理软件 BuildStar 切片预览

六、切片

1）单击"开始"按钮，模拟整个成型过程并计算成型时间、成型高度及粉末需求量，模拟打印过程，如图 5-71 ～图 5-73 所示。切片使得在打印之前可以预览，并且可以纠错，如果在软件中切不出来，那么在设备中也打印不出来。

2）单击"材料估算"按钮，进入成型粉末预估界面，通过设置"Z 采样率"，确定粉末需求量并计算出所需成型的粉末重量，计算公式为需要粉末重量 = 体积 × 包的封装密度。例如，头盔的切片高度是 133mm，工作包尺寸为 400mm×400mm，包的封装密度为 0.48g/mm^3，经过计算，打印头盔需要 133×400×400×0.48g=10214.4g 的尼龙材料，如图 5-74 所示。

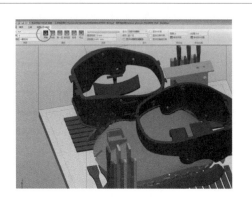

图 5-71　单击"开始"按钮

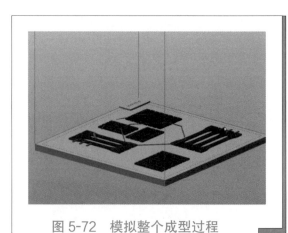

图 5-72　模拟整个成型过程

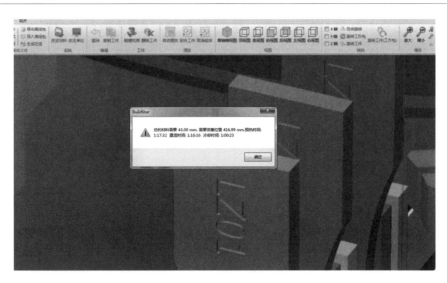

图 5-73 计算烧结时间等

图 5-74 材料估算

3）切片完成后，导出 wbz 格式文件工作包，其中包含工作包里的零件和工艺，选择保存路径进行保存，然后将保存的 wbz 文件保存到 U 盘中。至此，就完成了零件的切片、排包，包括参数设置等工作。

使用预处理软件 BuildStar 转包

 任务小结

学生通过对 SLS 成型工艺前处理任务的学习，掌握前处理的工作内容、每个内容的操作方法；收集华曙高科 SLS 设备相关信息，掌握使用 BuildStar 构建工作包的方法，为后续 3D 打印操作奠定基础。

任务五　攀岩头盔的 3D 打印成型

学习目标及技能要求

攀岩头盔 3D
打印成型

学习目标： 掌握 SLS 成型工艺 3D 打印机的使用。

学习重点： SLS 成型工艺 3D 打印机操作方法。

学习难点： SLS 成型工艺 3D 打印机参数设置方法。

本项目采用华曙高科的 HS403P 激光烧结 3D 打印机（图 5-75），打印机成型尺寸为 375mm×375mm×430mm，完全满足攀岩头盔的打印需求。

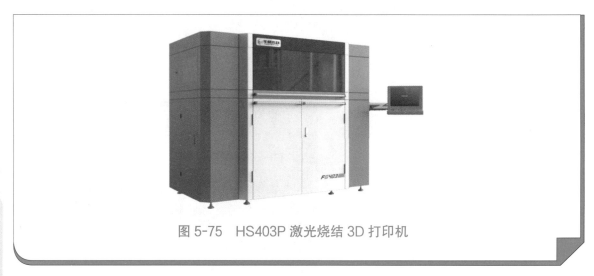

图 5-75　HS403P 激光烧结 3D 打印机

开机流程与打
印状态观察

攀岩头盔的 SLS 3D 打印步骤如下：

1）配料。在混料机中以新粉：余粉 = 1：1 的比例配好混合粉，定时搅拌 30min，配料仪器如图 5-76 所示。

2）启动设备。将主电源开关置于"ON"位置，如图 5-77 所示。用脱脂棉签沾无水酒精，将设备供粉缸和成型缸的红外探头擦拭干净，待酒精自然挥发后，确认探头表面是否已清洁。擦拭过程中应轻轻转圈接触镜头，严禁用力过度，如图 5-78 所示。

3）清洁激光窗口镜。用无水酒精沾湿无尘布或无尘纸，轻轻擦拭激光窗口，控制擦拭速度，使擦拭留下的酒精立即蒸发，如图 5-79 所示。

4）清洁工作完成后，双击桌面上的"MakeStar P"图标，进入软件主界面，如图 5-80 所示；单击"手动"按钮，进入手动控制界面，如图 5-81 所示。

5）单击"运动"按钮，将供粉缸降到原点位置，具体设置如图 5-82 所示；然后将供粉缸降至下极限位置，按顺序单击"提升""下极限"。待缸体下降完成后，单击"返回"按钮，退出手动状态，将供粉缸移出设备，将配好的粉末分批次盛入供粉缸，装好粉后，将供粉缸推进设备并确保到位。最后将供粉缸提升至上极限位置，再次进入手动控制界面，至此，装粉过程完成。

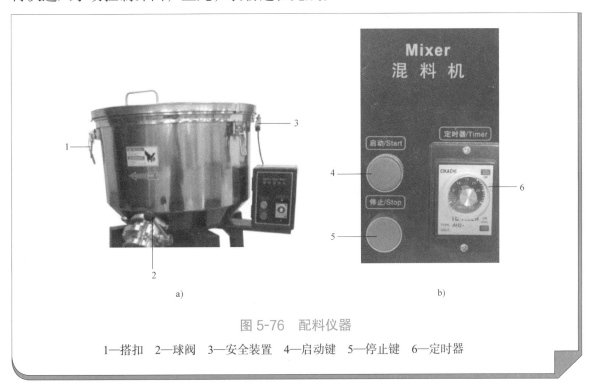

图 5-76　配料仪器

1—搭扣　2—球阀　3—安全装置　4—启动键　5—停止键　6—定时器

图 5-77　开关

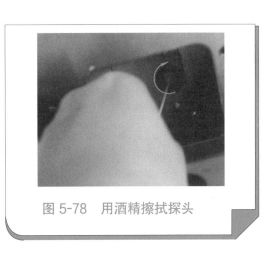

图 5-78　用酒精擦拭探头

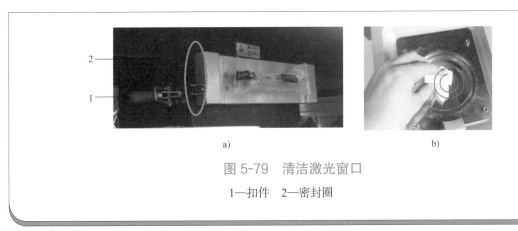

图 5-79　清洁激光窗口

1—扣件　2—密封圈

图 5-80　进入软件主界面

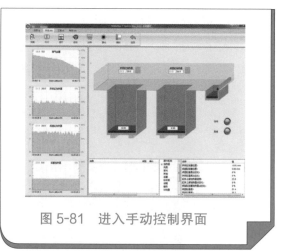

图 5-81　进入手动控制界面

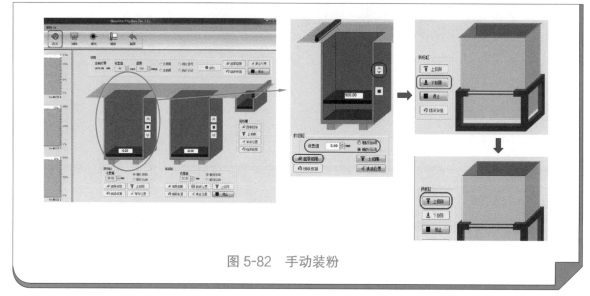

图 5-82　手动装粉

6）自动铺粉前，将供粉缸活塞上升，直至缸体中的粉末表面和工作腔表面齐平。在手动控制界面单击"铺粉"按钮，进入自动铺粉界面并设置参数；参数设置完成后，单击"铺粉"按钮，进行自动铺粉，直至工作腔的表面全部被粉末铺平，如图 5-83 和图 5-84 所示。

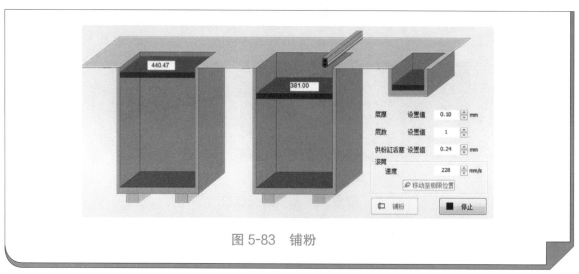

图 5-83　铺粉

注意：

铺粉层厚为 0mm，供粉缸活塞位置值不超过 0.5mm，铺粉层数可以根据需要任意设置。

图 5-84　设置参数时的注意事项

7）进入软件主界面，单击"建造"按钮，进入自动建造界面，如图 5-85 所示。单击红色按钮，在弹出的对话框中找到之前保存的 bpf 文件包并单击打开，如图 5-86 所示。

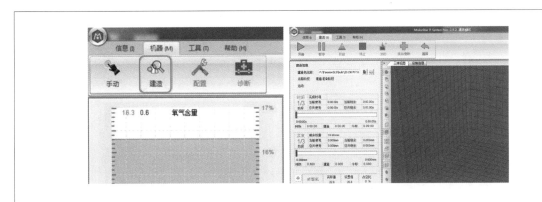

图 5-85　建造操作

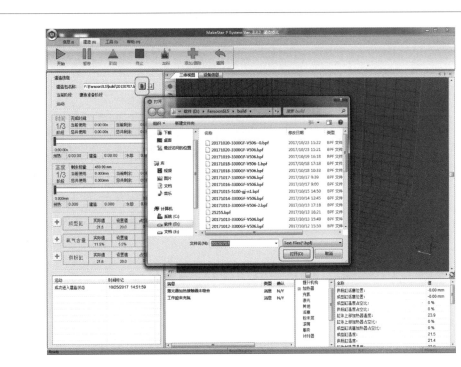

图 5-86　打开保存的 bpf 文件包

8）单击"开始"按钮，等待约 5s，显示器上出现"使能提示"，按下用户控制界面上的"SYSTEM ON"系统使能按钮，如图 5-87 所示。

图 5-87 "SYSTEM ON" 使能按钮

9）系统使能后，自动建造开始，系统开始充氮并进行预热过程，当氧气含量和温度达到要求时，开始铺粉，如图 5-88 所示。设备运行分为三个阶段：预热阶段、烧结建造阶段和冷却阶段。

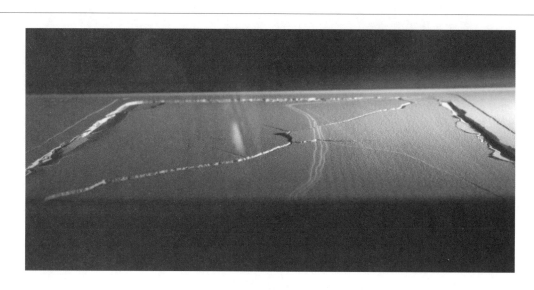

图 5-88 自动建造打印

任务小结

学生通过对 SLS 3D 打印机操作的学习，收集 SLS 设备相关信息，了解设备使用流程；掌握 SLS 设备打印前的操作内容，如添加文件、设置参数、铺粉、建造等。

任务六 攀岩头盔的 3D 打印后处理

攀岩头盔 3D 打印后处理

学习目标及技能要求

学习目标：掌握 SLS 成型工艺后处理的内容。

学习重点：SLS 成型工艺后处理的内容。

学习难点：SLS 成型工艺中的清洗与取零件。

1）建造完成后，进入手动控制界面，设置相应参数，从设备中移出成型缸，然后使用移动叉车将清粉铲、取粉罩及罩内粉包一起转移到清粉台上，如图 5-89~图 5-92 所示。

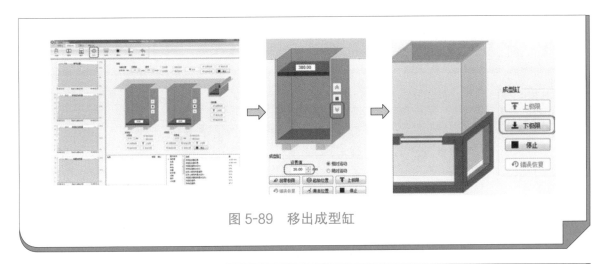

图 5-89　移出成型缸

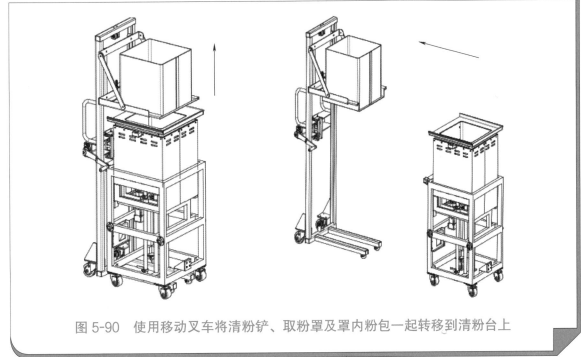

取包、清粉、
喷砂处理

图 5-90　使用移动叉车将清粉铲、取粉罩及罩内粉包一起转移到清粉台上

2）使用塑料铲刀、毛刷，对粉包中零件周围未成型的粉末进行基本剥离。需要注意的是，清粉时粉包温度以 85℃左右为宜。

3）将零件放到喷砂机内进行喷砂处理，将零件表层的粉末彻底清除，如图 5-93 所示。对于喷砂无法处理的细小部位，需要用金属丝或其他工具将粉末清除。喷砂操作时，零件不能离喷嘴过近，也不可以长时间对准同一个部位，以免零件受损。

171

图 5-91　转移粉包 1

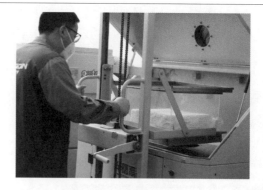

图 5-92　转移粉包 2

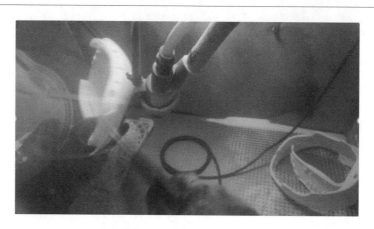

图 5-93　喷砂处理

　　表面喷砂处理不仅能去除零件表面多余的粉末，还能对零件表面产生冲击、磨削作用，引起表面的细微变形，从而消除部分加工后的残余应力，改善零件表面的力学性能，提高抗疲劳性，增强其与涂层之间的附着力。零件喷砂后的表面比较粗糙，可进行后续打磨。

　　4）如果零件发生翘曲表现，则将变形零件放入烤箱中加温，再趁热以固定板压紧，从而达到校正的目的，如图 5-94 所示。

　　5）第一次打磨。采用 180～360 号砂纸中的两种或多种按由粗至细的顺序打磨，处理表面较大的毛刺，直至零件表面手感光滑，如图 5-95 所示。

　　6）喷涂。用树脂混合剂对零件表面进行喷涂，首先沿横向喷涂，再沿竖直方向喷涂，然后表面风干 10～20min。此处采用无水酒精作为溶解溶剂，以形成可喷涂溶液；喷涂的树脂层厚度为 50～70μm，可以较好地填充零件表层颗粒的凹凸不平，且填充后涂层不至于过大，如图 5-96 所示。通过喷涂可以填充表面孔隙，增加零件表面硬度。

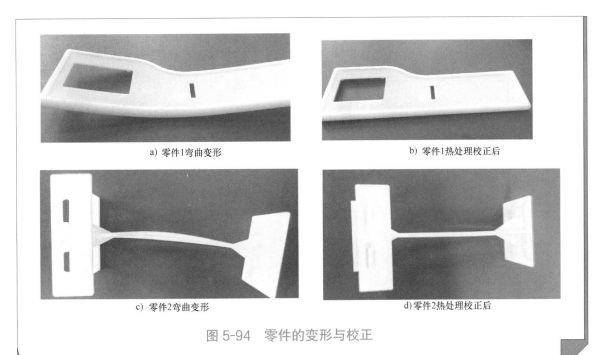

a) 零件1弯曲变形　　　　　　　　　　　b) 零件1热处理校正后

c) 零件2弯曲变形　　　　　　　　　　　d) 零件2热处理校正后

图 5-94　零件的变形与校正

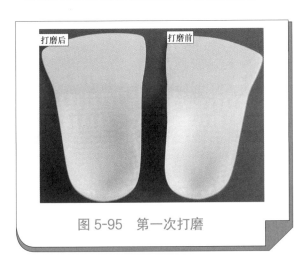

图 5-95　第一次打磨

图 5-96　喷涂

7）第二次打磨。零件风干后，用 360～600 号砂纸打磨其表面，将树脂层厚度打磨至 35～50μm。此次打磨可去除喷涂树脂层后凸起的少量毛刺，保证零件表面与面漆有较好的附着性，同时可以控制树脂层的厚度。

8）零件表面喷钢琴烤漆或水晶清漆后会更加美观。喷钢琴烤漆的工序比较复杂，耗费时间较长，需要经过"打磨→喷底漆→刮灰→第二次打磨→第二次喷漆→第二次刮灰→第三次打磨→喷面漆"等过程，直至将零件打磨得完全光滑，才能喷面漆，如图 5-97 所示。

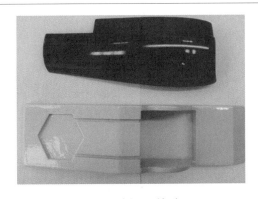

图 5-97　喷钢琴烤漆

9）染色。使用专业的色粉按比例勾兑工业乙醇浸泡，可以使零件改变颜色，染色前建议在水中浸泡至少 30min，如图 5-98 所示。

a)　　　　　　　　　　　　　b)

图 5-98　染色

任务小结

 学生通过对 SLS 成型工艺后处理的学习，掌握 SLS 成型工艺后处理工作流程和具体实施方法，完成 SLS 3D 打印后处理工作，为以后从事 3D 打印工作奠定基础。

项目评价（表 5-1）

表 5-1　攀岩头盔的创新与 3D 打印项目评价

测试点	配分	评分标准	评分方案	得分	小计
一、设计创意	20	整体协调	设计主题突出，造型、色彩、尺寸、比例协调，符合设计目标要求：18～20分（优）		
			设计主题明显，造型、色彩、尺寸、比例等较为切合设计目标要求：15～17分（良）		
			设计主题基本明确，造型、色彩、尺寸、比例等与设计目标基本搭配：10～14分（中）		
			设计主题未体现或不明确，造型、色彩、尺寸、比例混乱：9分及以下（差）		
	20	功能合理	功能安排合理，尺寸设置合理，使用功能明确并符合设计要求：18～20分（优）		
			功能安排、尺寸设置合理，使用功能较合理：15～17分（良）		
			功能安排、尺寸设置基本合理，使用功能基本合理：10～14分（中）		
			功能安排、尺寸设置不合理，使用功能不合理：9分及以下（差）		

（续）

测试点	配分	评分标准	评分方案	得分	小计
二、造型及空间关系	20	造型准确、空间透视关系准确	产品空间关系明确，造型准确、生动，形体的透视关系准确：18～20分（优）		
			产品空间关系明确，造型准确，形体的透视关系大体正确：15～17分（良）		
			产品空间关系明确，造型基本准确，形体的透视关系无明显的错误：10～14分（中）		
			产品空间关系明确，造型不准确，形体的透视关系不准确或有明显的错误：9分及以下（差）		
	10	比例运用合理	比例运用合理：8～10分（优）		
			比例运用较合理：6～7分（良）		
			比例运用基本合理：2～5分（中）		
			比例运用不合理：2分及以下（差）		
三、渲染及材质表现充分（材料选用合理）	10	质感表现充分，纹理表现自然	质感表现充分、色彩及纹理表现自然：9～10分（优）		
			质感、色彩及纹理表现良好：7～8分（良）		
			质感、色彩及纹理表现一般：5～6分（中）		
			无法表现材质质感与纹理，或表现差：4分及以下（差）		
	10	光感表现合理，投影关系正确	光感表现生动自然，投影处理自然，与物体关系正确：9～10分（优）		
			光感表现良好，投影处理较为得当，与物体关系正确：7～8分（良）		
			光感表现基本合理，投影关系基本正确：5～6分（中）		
			光感表现不合理，投影关系不正确：4分及以下（差）		
四、职业素养	10	工作准备充分，工作程序得当。	能够有效维护工位整洁（3分）；工具及资料、作品按照要求摆放处理（2分）；服从相关工作人员安排（3分）；遵守操作纪律与规范（2分）		
合计			100		

参考文献

［1］ 王凌飞，张骜．增材制造技术基础［M］.北京：机械工业出版社，2021.

［2］ 陈森昌．3D 打印与创客［M］.武汉：华中科技大学出版社，2018.

［3］ 李程，李汾娟．产品设计手板模型制作案例解析［M］.北京：机械工业出版社，2020.

［4］ 郑维明，李志，仰磊，等.智能制造数字化增材制造［M］.北京：机械工业出版社，2021.

［5］ 王迪，杨永强.3D 打印技术与应用［M］.广州：华南理工大学出版社，2020.